W0172746

Moderner Tunnelbau bei der Münchner U-Bahn

Herausgegeben von H. Lessmann

Springer-Verlag
Wien New York

o. Univ.-Prof. Dipl.-Ing. Heimo Lessmann
Vorstand des Institutes für Bauverfahren und Bauwirtschaft
Technische Fakultät der Universität Innsbruck, Österreich

Das Werk ist urheberrechtlich geschützt. Die dadurch begründeten Rechte, insbesondere die der Übersetzung, des Nachdruckes, der Entnahme von Abbildungen, der Funksendung, der Wiedergabe auf photomechanischem oder ähnlichem Wege und der Speicherung in Datenverarbeitungsanlagen, bleiben, auch bei nur auszugsweiser Verwertung, vorbehalten.

© 1978 by Springer-Verlag/Wien

Printed in Austria

Druck: R. Spies & Co., A-1050 Wien

Mit 95 zum Teil farbigen Abbildungen

ISBN 3-211-81493-0 Springer-Verlag Wien · New York
ISBN 0-387-81493-0 Springer-Verlag New York · Wien

Vorwort

Auf dem Gebiet des U-Bahn-Baues konnten in den letzten Jahren bemerkenswerte technische Fortschritte erzielt werden, deren Bedeutung für die weitere Planung und Durchführung des Münchner U-Bahn-Systems bereits nachweisbar ist. Die aufsehenerregenden Erfolge mit der Neuen Österreichischen Tunnelbauweise haben das bergmännische Bauen in München auch wirtschaftlich zu einer attraktiven Alternative der bislang dominierenden offenen Bauweise werden lassen. Veröffentlichungen zur Baupraxis liegen meist nur über Detailbereiche des bergmännischen Bauens in München vor. Es erscheint deshalb notwendig, über die in München jetzt vorliegenden Erfahrungen einmal im Rahmen einer Gesamtbetrachtung zu berichten.

Die Erprobung und Entwicklung kostensparender Baumethoden liegt im gemeinsamen Interesse des Bauträgers, der Bauwirtschaft und der Bauforschung. Eine enge Zusammenarbeit von Auftraggeber, Auftragnehmer und wissenschaftlicher Beratung ist deshalb selbstverständlich. Sie wird durch die Beiträge für die vorliegende Publikation dokumentiert.

Diese Schrift ist Herrn Oberbaudirektor Professor Dipl.-Ing. Helmut Joas gewidmet, der am 8. Februar 1978 verstorben ist. Herr Professor Joas hat als Leiter der Gruppe Technik des U-Bahn-Referates der Landeshauptstadt München seit 1965 die Entwicklung des Münchner U-Bahn-Baues entscheidend mitgeprägt. Nicht zuletzt die Einführung und Fortentwicklung der bergmännischen Bauweisen im Münchner U-Bahn-Bau bleiben mit seinem Namen verbunden.

Die Verfasser

Inhaltsverzeichnis — Index

Fig. 1. Kalottenvortrieb, zweigleisig mit Teilschnittfräse
Crown-driving works, double track with cutter for partial cutting

Fig. 2. Kombinierter Vortrieb in der Gleisharfe
Combined advance in the diverging siding junction

ATLAS

Fig. 3. Betonpfeiler und Spritzbetongewölbe in der Gleisharfe
Concrete piers and shotcrete vault in the diverging siding junction

Fig. 4. Schalungsumbau mit Radlader
Formwork resetting with wheeled loader

Fig. 5. Gleisharfe Los 18.2 — Innenschale
Diverging siding junction, Section 18.2—inner shell

Fig. 6. U-Bahnhof Marienplatz
Subway station Marienplatz

U3 Olympiazentrum

Fig. 7. Betrieb auf der Strecke — Route operation

Beitrag 1

Die Bedeutung des bergmännischen Verkehrstunnelbaues für die Münchner U-Bahn

Von

W. Hochmuth

Mit 3 Abbildungen

Zusammenfassung — Summary

Die Bedeutung des bergmännischen Verkehrstunnelbaues für die Münchner U-Bahn. Das geplante Gesamtnetz der Münchner U-Bahn besteht aus drei Stammstrecken mit elf Außenästen und hat eine Gesamtlänge von rund 80 km.

Seit Baubeginn im Jahre 1965 wurden über 1600 Mio. DM investiert. Das derzeitige Jahresbauvolumen beträgt 200 Mio. DM.

Der Anteil der bergmännischen Bauweise ist innerhalb der letzten zehn Jahre von 25 % bei der Olympialinie auf 75 % bei der U-Bahn-Linie 5/9 gestiegen.

Technische Fortschritte im Schildvortrieb und bei der Neuen Österreichischen Tunnelbauweise (NATM) haben zu einer Annäherung der Kosten der bergmännischen Bauweise an die gleichmäßig gestiegenen Kosten der offenen Bauweise geführt.

Eine angemessene Berücksichtigung der technischen Entwicklung im Planfeststellungsverfahren und bei der Gestaltung und Abwicklung der Bauverträge ist möglich, wenn die technisch-juristische Kooperation von Anfang an funktioniert.

The Importance of the Underground Technique in Tunnel Construction for the Munich Underground Railway System. The envisaged overall network of the Munich subway system consists of three main routes with eleven outer branches; its total length is approximately 80 kilometers.

Since 1965, when construction work began, more than 1600 million DM have been invested. The annual total is currently 200 million DM.

In the course of the past ten years, the proportion of construction in underground technique has increased from 25 % on the Olympia line to 75 % on subway line 5/9.

As a consequence of engineering progress in shield tunnelling and in the New Austrian Tunnelling Method (NATM) the costs involved in underground technique have approached the steadily increased costs entailed in the open-pit technique.

Reasonable consideration of technical developments is possible, both at the planning and at the drawing-up and awarding of contracts stage, if cooperation between the engineers and the legal side functions from the start.

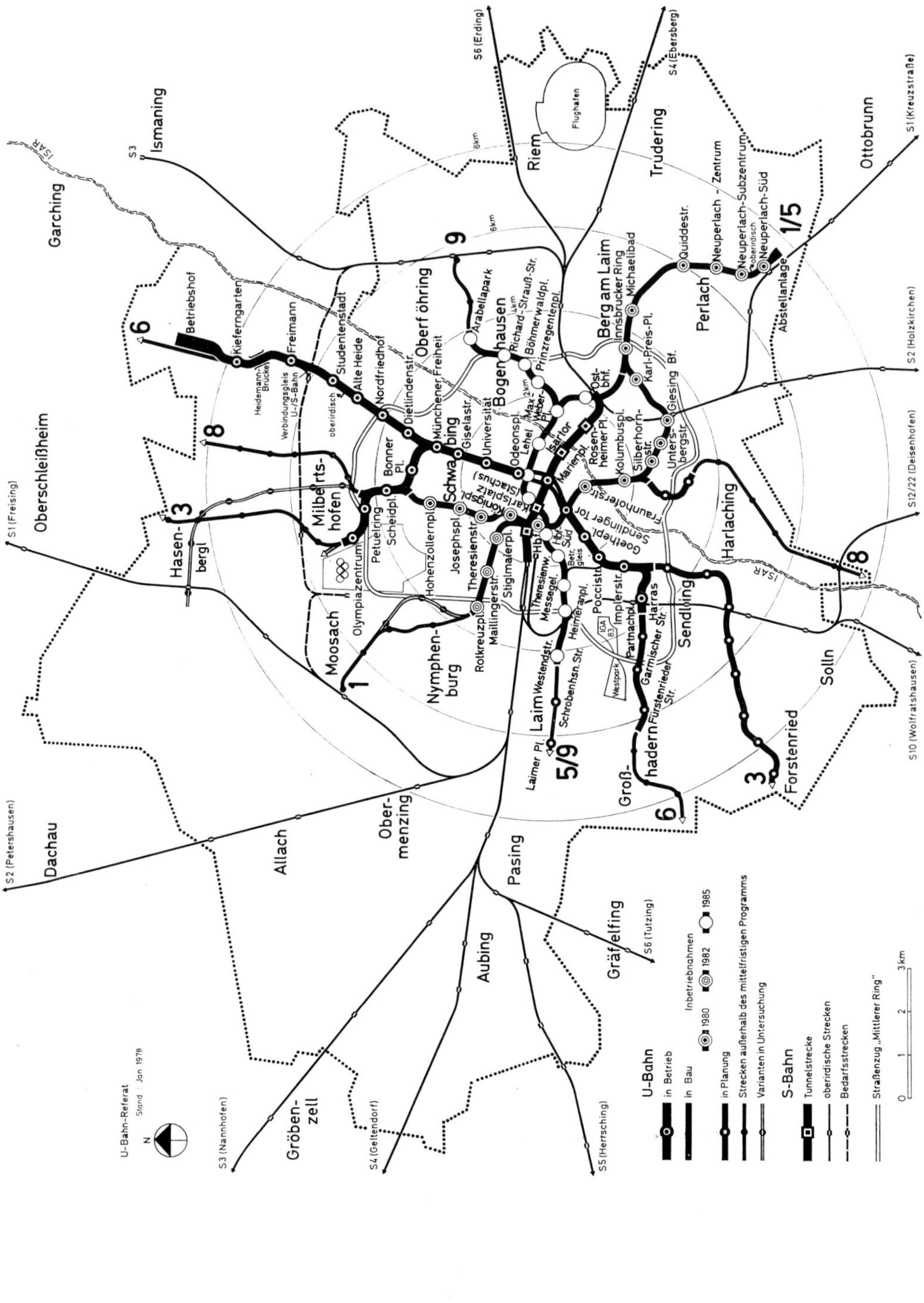
U-Bahn-Referat
Stand Jan 1978
N
U-Bahn
in Betrieb
in Bau
in Planung
Inbetriebnahmen
1980
1982
1985
Strecken außerhalb des mittelfristigen Programms
Varianten in Untersuchung
S-Bahn
Tunnelstrecke
oberirdische Strecken
Bedarfsstrecken
Straßenzug „Mittlerer Ring"
0
1
2
3km
S1 (Freising)
S2 (Petershausen)
S3 (Nannhofen)
S4 (Geltendorf)
S5 (Herrsching)
S6 (Tutzing)
S6 (Erding)
S4 (Ebersberg)
S1 (Kreuzstraße)
S2 (Holzkirchen)
S12/22 (Deisenhofen)
S10 (Wolfratshausen)
S3
Ismaning
Garching
Oberschleißheim
Dachau
Allach
Ober-
menzing
Gröben-
zell
Aubing
Pasing
Gräfelfing
Moosach
Nymphen-
burg
Laim
Groß-
hadern
Sendling
Solln
Forstenried
Harlaching
Perlach
Ottobrunn
Trudering
Riem
Flughafen
Berg am Laim
Bogen-
hausen
Oberföhring
Schwa-
bing
Milbertshofen
Hasen-
bergl
Betriebshof
Kieferngarten
Freimann
Studentenstadt
Alte Heide
Nordfriedhof
Dietlindenstr.
Münchener Freiheit
Giselastr.
Universität
Odeonspl.
Marienpl.
Isartor
Lehel
Max-Weber-Pl.
Ostbhf.
Rosenheimer Pl.
Kolumbuspl.
Silberhorn-Str.
Untersbergstr.
Giesing Bf.
Karl-Preis-Pl.
Innsbrucker Ring
Michaelibad
Quiddestr.
Neuperlach - Zentrum
Neuperlach-Subzentrum
Neuperlach-Süd
Abstellanlage
Arabellapark
Richard-Strauß-Str.
Böhmerwaldpl.
Prinzregentenpl.
Bonner Pl.
Scheidpl.
Petuelring
Olympiazentrum
Hohenzollernpl.
Josephspl.
Theresienstr.
Königspl.
Karlsplatz (Stachus)
Hbf.
Hbf. Süd
Stiglmaierpl.
Maillingerstr.
Rotkreuzpl.
Theresienw.
Messegel.
Heimeranpl.
Schrobenhsn. Str.
Westendstr.
Laimer Pl.
Poccistr.
Implerstr.
Goetheple.
Sendlinger Tor
Fraunhoferstr.
Partnachpl.
Harras
Garmischer Str.
Fürstenrieder Str.
Westpark
IGA 83
Heidemann-Brücke
Verbindungsgleis U-/S-Bahn
oberirdisch
ISAR
2km
4km
6km
8km
1
1/5
3
5/9
6
8
9

I. Das U-Bahn-System

1. Liniennetz

Der Münchner U-Bahn-Bau wurde vor rund 13 Jahren am 1. Februar 1965 begonnen. Das geplante Gesamtnetz in seiner geltenden Fassung besteht aus drei Stammstrecken mit elf Außenästen und hat eine Gesamtlänge von rund 80 km (Abb. 1). Der Kern dieses Netzes im Bereich der größten Verkehrs- und Bebauungsdichte hat eine Gesamtlänge von 50 Streckenkilometern und enthält 54 U-Bahnhöfe. Davon sind 19 km und ebenso viele U-Bahnhöfe bereits in Betrieb. Die erste Strecke wurde im Oktober 1971 von der nördlichen Stadtgrenze in Freimann bis zum Goetheplatz in der südwestlichen Innenstadt eröffnet. Im Mai 1972 folgte die U-Bahn-Olympialinie, die den Olympiapark mit Schwabing und dem Stadtzentrum verbindet. Im November 1975 ging die Verlängerungsstrecke Goetheplatz—Harras in Betrieb.

Im Bau sind rund 19 km und 21 U-Bahnhöfe der U-Bahn-Linie 8/1. Der Südast dieser Strecke von Neuperlach-Süd zum Sendlinger Tor wurde 1971, der Nordast vom Sendlinger Tor zum Scheidplatz 1973 und der Westast vom Hauptbahnhof zum Rotkreuzplatz 1977 begonnen. Die 16 km lange Strecke Scheidplatz—Neuperlach-Süd wird Ende 1980, die 3,3 km lange Strecke Hauptbahnhof—Rotkreuzplatz Ende 1982 betriebsfertig sein.

Weitere 12 km der U-Bahn-Linie 5/9, die als dritte Stammstrecke die West-Ost-Verbindung zwischen Laim und Bogenhausen sowie Ramersdorf herstellt, wurden im Oktober 1977 im Bereich des Münchner Hauptbahnhofes in Angriff genommen. Die Strecke soll bis Mitte der achtziger Jahre zur Verfügung stehen.

Die Verlängerung der U-Bahn-Linien bis zum Stadtrand soll bis Anfang der neunziger Jahre abgeschlossen sein. Die ersten Baumaßnahmen hierfür sind ab 1983 möglich. Die Vorbereitungen für die vor dem Bau durchzuführenden Rechtsverfahren laufen bereits. Zur Erschließung der Internationalen Gartenbauausstellung, die im Mai 1983 eröffnet wird, muß der Bau des 1,5 km langen Abschnitts Harras—Westpark vorgezogen werden.

2. Investitionsvolumen

Seit Baubeginn im Jahre 1965 wurden für den Münchner U-Bahn-Bau insgesamt 1609 Mio. DM ausgegeben. Seit 1974 beträgt das Jahresbauvolumen rund 200 Mio. DM. Diese Jahressumme liegt auch den Finanzplänen für die kommenden Jahre zugrunde. Die Terminvorstellungen für die Vervollständigung des Gesamtnetzes innerhalb der nächsten 15—20 Jahre gehen ebenfalls stillschweigend von diesem Finanzrahmen aus. Die günstige Kostenentwicklung der letzten Jahre hat die weitere Finanzierungsbereitschaft des Bundes und des Freistaates Bayern positiv beeinflußt. So konnte der Baubeginn für die U-Bahn-Linie 5/9 gegenüber ursprünglichen Vorstellungen um 1—2 Jahre vorgezogen werden.

Abb. 1. Liniennetz U-Bahn/S-Bahn München

Network map of subway/regional rapid transit system

3. Überwiegend unterirdisch

Die im inneren Stadtbereich allein in Betracht kommende unterirdische Linienführung zeichnet sich auch für die Verlängerungsstrecken im Außenbereich ab. Obwohl hier auf Teilstrecken die Möglichkeit bestehen würde, einen oberirdischen oder auch aufgeständerten Fahrweg zu wählen, haben sich in jüngster Zeit gegen diese Lösungsmöglichkeit erhebliche Widerstände in der Öffentlichkeit angekündigt. Mit ästhetischen Argumenten und aus Gründen des Umweltschutzes wurden zuletzt für die U 3-Süd alle mit einer teilweise oberirdischen Linienführung verbundenen Varianten nach massiven Protesten der Anlieger in allen Entscheidungsgremien abgelehnt oder fallengelassen. Bei dieser Abwägung von insgesamt fünf Lösungsmöglichkeiten war von einer Baukostendifferenz der oberirdischen zur unterirdischen Trassierung in Höhe von rund 100 Mio. DM auszugehen. Da die Gesamtkosten für die einzelnen Varianten bei 258—437 Mio. DM liegen, wird der Kostenvergleich bis zur endgültigen Entscheidung über die Finanzierung von erheblicher Bedeutung bleiben. Dies könnte allerdings dazu führen, daß die von den Bürgern gewünschte Lösung nicht finanzierbar, die von den Finanzierungspartnern akzeptierte Lösung dagegen nicht durchsetzbar ist. Bei diesem Trend zu unterirdischen Lösungen wird die Kostenentwicklung im Tunnelbau für die weitere Verwirklichung der U-Bahn-Planungen von entscheidender Bedeutung sein.

II. Bedeutung der Bauweisen

1. Vor- und Nachteile der offenen und bergmännischen Bauweisen

Wegen der generellen Abhängigkeit des Bauverfahrens von der Beschaffenheit des Untergrundes ist eine allgemeingültige Aussage über die im U-Bahn-Bau zweckmäßigste Bauweise nicht möglich. Eine vergleichende Betrachtung der Untergrundverhältnisse der U-Bahn-Städte in aller Welt und der angewandten Baumethoden läßt allerdings erkennen, daß die offene Bauweise insgesamt bevorzugt wird, wo dies möglich ist. Hamburg, Berlin, Paris oder auch Tokio sind hierfür Beispiele. Auch in London wurden die Unterpflasterbahnstrecken praktisch alle in offener Bauweise unter den Hauptstraßen gebaut.

Dagegen zeigen die Beispiele Moskau und Leningrad ebenso wie das Netz der „Tubes" in London, daß der Schildvortrieb in den dortigen wasserdichten Tonschichten von Anfang an als die vorteilhaftere Bauweise angesehen wurde. Auch innerhalb der einzelnen U-Bahn-Städte konkurrieren offene und bergmännische Bauweisen miteinander nach Maßgabe der jeweiligen geologischen und hydrologischen Verhältnisse einerseits und der übrigen Bau- und Verkehrsbedingungen andererseits.

Auch in München war bisher die offene Bauweise das billigere Verfahren. Die damit verbundenen Nachteile umfangreicher Leitungsverlegungen und Verkehrsumleitungen mußten und konnten in den Bauabschnitten außerhalb des Stadtkerns in Kauf genommen werden. Die Beeinträchtigung der Anlieger wurde ebenfalls in den ersten Baujahren im Norden der Stadt noch geduldiger hingenommen als dies heute der Fall ist. Mit dem Vordringen des U-Bahn-Baues in die Innenstadt setzten Verkehrsdichte, enge Straßen und fehlende Umleitungsmöglichkeiten der offenen Bauweise Grenzen. Zur Vermeidung der unerwünschten engen Gleisradien bis 300 m, die einen enormen Schienenverschleiß verursachen, mußte die Trassierung in diesem Bereich zunehmend vom Straßenverlauf abweichen.

Das U-Bahn-Referat hat deshalb frühzeitig, nämlich 1966 in der Leopoldstraße, mit der bergmännischen Bauweise begonnen. Hier und in der südlich anschließenden Ludwigstraße konnte die Anwendbarkeit des mechanisierten Schildvortriebs relativ risikolos erprobt werden. Die Vorteile für die weitere Planung lagen auf der Hand: Wegfall der Spartenverlegungen, elegantere Linienführung mit günstigen Krümmungsradien, verschleißärmeres Fahren bei erhöhter Reisegeschwindigkeit. Als Nachteil der bergmännischen Bauweise erwies sich, abgesehen vom Kostenpunkt, insbesondere die Notwendigkeit einer vermehrten Inanspruchnahme von Unterfahrungsrechten. Die langwierigen Verhandlungen mit Grundstückseigentümern müssen in den Planungsvorlauf einkalkuliert werden.

2. Trend zu bergmännischen Bauweisen

Die Entwicklung des Münchner U-Bahn-Baues seit 1965 zeigt, daß der unterirdische Hohlraumbau gegenüber der offenen Bauweise zunehmend an Bedeutung gewonnen hat.

Die in der Zeit von 1967 bis 1972 hergestellte, 4 km lange U-Bahn-Olympialinie wurde nur zu 24,7 % bergmännisch aufgefahren. Alle 4 Bahnhöfe wurden in offener Bauweise errichtet.

Die Nord-Süd-U-Bahn, die in der Zeit von 1965 bis 1975 mit einer Länge von 15 km entstanden ist, wurde zu 30,5 % im Untertagebau hergestellt. Von den 16 Bahnhöfen wurden 11 in offener und 2 in bergmännischer Bauweise errichtet. 3 Bahnhöfe sind oberirdisch.

Die im Jahre 1971 begonnene, 16 km lange U-Bahn-Linie 8/1, die Ende 1980 betriebsfertig sein wird, hat einen bergmännisch aufgefahrenen Anteil von 38,3 %. Von 18 Bahnhöfen sind hier 10 in offener und 5 in Deckelbauweise entstanden oder im Bau. 2 Bahnhöfe werden bergmännisch, 1 Bahnhof wird oberirdisch erstellt.

Bei der im Jahre 1977 begonnenen, knapp 3,5 km langen U 1-West, die Ende 1982 in Betrieb gehen soll, sind 59,1 % in bergmännischer Bauweise vorgesehen. Die 3 Bahnhöfe werden jedoch in offener Bauweise erstellt.

Bei der U-Bahn-Linie 5/9 schließlich, mit der ebenfalls im Jahre 1977 begonnen wurde und die abschnittsweise in den Jahren 1984 bis 1987 eröffnet werden soll, sind auf den 9,3 km vom Bahnhof Westendstraße bis zum Bahnhof Innsbrucker Ring 73,7 % für eine bergmännische Bauweise vorbereitet. Von den 10 Bahnhöfen wird einer in Deckelbauweise hergestellt. Die übrigen 9 Bahnhöfe werden je zur Hälfte in offener und in bergmännischer Bauweise errichtet. Nur noch 12 % oder 1105 m der Strecke sind für eine offene Bauweise vorgesehen.

3. Technische Neuentwicklungen im Münchner Tunnelbau

Daß die bergmännische Bauweise in München die offene Bauweise mehr und mehr verdrängt, beruht sicherlich zu einem großen Teil darauf, daß die ersten Bauabschnitte im weniger dichtbebauten äußeren Stadtbereich entstanden sind. So war es für die Außenstrecke der Nord-Süd-U-Bahn im Norden der Stadt ebenso selbstverständlich, offen zu bauen wie im Falle der U-Bahn-Linie 8/1 im Bereich Neuperlach. Je weiter die Baustelle jedoch in den Stadtkern vordrang, um so schwieriger wurde es einerseits, mit der Trasse bei ausreichenden Krümmungsradien im Straßenraum zu bleiben, andererseits, soweit die Trassierung unproblematisch war, den Anliegern und Verkehrsteilnehmern über Jahre hinweg riesige offene Baugruben zuzumuten. Dies allein hätte jedoch den enormen Aufschwung der bergmännischen Bauweisen angesichts der traditionell großen Kostenunterschiede zwischen offener und geschlossener Bauweise nicht begründen können. Der Siegeszug der bergmännischen Bauweisen beruht deshalb auch weitgehend auf technischen Verbesserungen, die sowohl beim Schildvortrieb als auch bei der in den letzten Jahren in München weiterentwickelten Neuen Österreichischen Tunnelbauweise (NATM) erreicht wurden.

Während bei den Linien U 3 und U 6, abgesehen vom aufwendigen Messervortrieb unter dem Münchner Rathaus, als Tunnelbauweise nur der klassische Schildvortrieb in Erscheinung trat, wurden beim Bau der U-Bahn-Linie 8/1 erstmals zwei neue Methoden angewandt.

Im Baulos 7.1 wurden zur Isarunterquerung zwei Tunnelröhren unter Druckluft aufgefahren und mit gummigedichteten Stahlbeton-Kassettentübbings einschalig ausgekleidet. Die Einsparung der Innenschale mit Innendichtung im Zusammenhang mit diesem vollmechanisierten Vortrieb hat die Kosten für den Bau der Tunnelröhren gesenkt.

In den Baulosen 5.1, 9 und 18.2 wurde erstmals im Münchner U-Bahn-Bau die Spritzbetonbauweise mit großem Erfolg angewandt. Insgesamt über 4 km der U 8/1 konnten und können so bei günstigen Kosten mit allen Vorteilen der bergmännischen Bauweise ausgeführt werden. Nach diesen positiven Erfahrungen sind weitere 8 km der U 1-West und der U 5/9 für die Anwendung der NATM vorbereitet. Es ist allerdings nicht ausgeschlossen, daß Sondervorschläge von Fall zu Fall zu günstigeren Ergebnissen, etwa mit Hilfe des einschaligen gummigedichteten Stahlbeton-Kassettentübbings, führen. Dieser Fall ist beim Baulos 5 der U-Bahn-Linie 5/9 im Bereich der Theresienwiese bereits eingetreten. Ähnlich wie beim Wechsel der Bauweisen in der Nymphenburger Straße, wo nach Ausschreibung in offener Bauweise ein Sondervorschlag in bergmännischer Bauweise günstiger war, muß zunehmend damit gerechnet werden, daß auch Amtsvorschläge, die neueste Erfahrungen berücksichtigen, Sondervorschlägen weichen müssen, die einen nochmaligen Kostenvorteil enthalten.

4. Kostensenkung ermöglicht weitere U-Bahn-Linien

Wenn auch die schwierige allgemeine Lage auf dem Baumarkt insgesamt zu niedrigen Preisen führte, hat doch vor allem der technische Fortschritt der letzten Jahre dazu geführt, daß die Kosten des U-Bahn-Baues insbesondere im bergmännischen Bereich nicht gestiegen sind. Der Trend von der offenen zur bergmännischen Bauweise ist im wesentlichen der Entwicklung der NATM und ihren Abwandlungen zu verdanken. Sie und die vollmechanisierte Schildvortriebsmethode bei einschaliger Tunnelauskleidung sind letztlich die Voraussetzung für die zügige Fortführung des Münchner U-Bahn-Baues unter erschwerten Bedingungen. Durch den technischen Fortschritt ist es trotz Steigerung der Produktionskosten gelungen, Baukostensteigerungen im U-Bahn-Bau weitgehend zu vermeiden. Durch die Einsparung von Material und aufwendigem Gerät kann der bergmännische Vortrieb heute billiger als zu Beginn des Münchner U-Bahn-Baues durchgeführt werden. Dies macht den verstärkten Einsatz der bergmännischen Bauweisen möglich, auf die der U-Bahn-Bau angesichts des wachsenden Umweltbewußtseins der Bürger und zur Erzielung einer optimalen Linienführung mit günstigen Gleisradien mehr und mehr angewiesen ist.

Die Entwicklung der Kosten (Abb. 2) und Bauweisen (Abb. 3) zeigt den Trend zugunsten der bergmännischen Bauweisen. Zum exakten Vergleich sind die Angaben auf reine Tunnelstrecken bezogen. Die Entwicklung bei Bahnhöfen könnte in ähnlicher Weise dargestellt werden, wobei die NATM mit ihrer Anpassungsfähigkeit an wechselnde Querschnitte naturgemäß im Vordergrund steht.

Mit Ausnahme der Jahre vor den Olympischen Spielen sind die Kosten der offenen Bauweise seit 1965 bis heute gleichmäßig in flacher Kurve gestiegen. Die Kosten der bergmännischen Bauweise, die zunächst doppelt so hoch waren, stiegen konjunkturbedingt bis 1971 ebenfalls entsprechend an, um dann jedoch kontinuierlich wieder abzusinken und sich den weiter steigenden Kosten der offenen Bauweise mehr und mehr anzunähern. In einem Vergabefall lag ein Sondervorschlag mit NATM bereits unter den Gesamtkosten einer Ausführung in offener Bauweise.

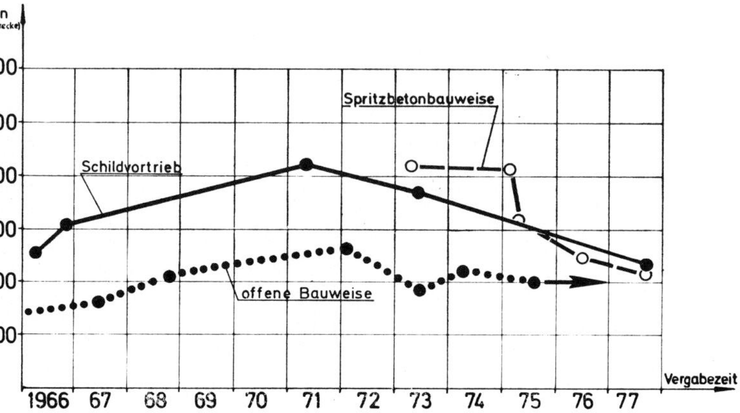

Abb. 2. Kostenentwicklung (Rohbau), Schildvortrieb, Spritzbetonbauweise und offene Bauweise für zwei eingleisige, nebeneinanderliegende Tunnelröhren bzw. zweigleisigen Rechtecktunnel

Cost trend (carcass), shield tunnelling, shotcrete technique and open technique

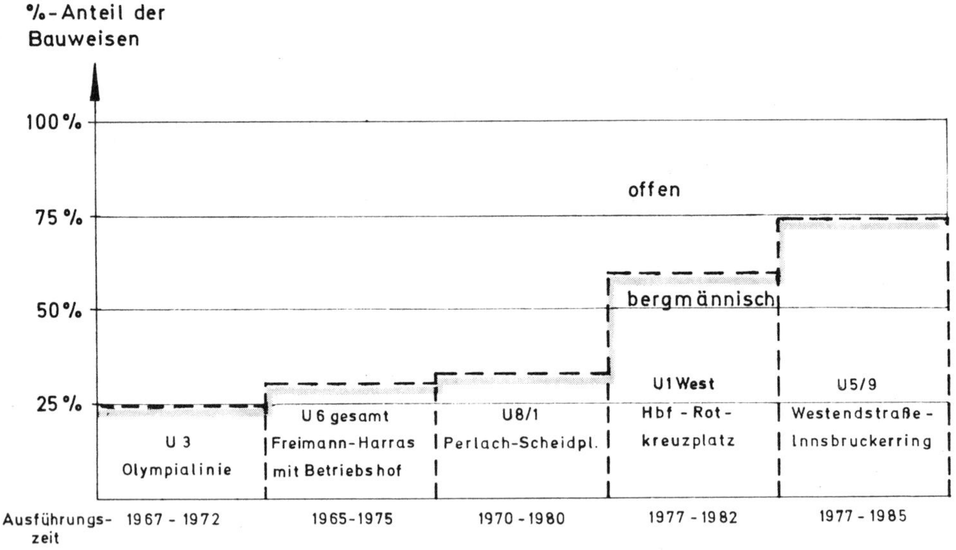

Abb. 3. Anteil der bergmännischen Bauweise im Münchner U-Bahn-Bau

Proportion of underground technique in construction of the Munich subway system

Der von 25 % bis 75 % stetig gewachsene Anteil der bergmännisch erstellten U-Bahn-Strecken in München hat den ebenso stetig wachsenden Widerstand der durch die Baumaßnahmen betroffenen Bürger bisher neutralisieren können. Die Erfahrungen im Straßenbau und auf anderen Gebieten öffentlicher Investitionen haben in den letzten Jahren gezeigt, wohin eine breite Unzufriedenheit der Bevölkerung mit Maßnahmen führt, die als Beeinträchtigungen der Umwelt erlebt werden. Deshalb hängt der weitere Ausbau des Münchner U-Bahn-Systems nicht zuletzt von der Lösung des Problems ab, so geräuschlos und unsichtbar wie möglich zu bauen.

Ziel für die Zukunft wird also sein, neue U-Bahn-Strecken, wo möglich, bergmännisch zu erstellen. Die Vorteile für Anlieger, Verkehrsteilnehmer und für die Stadtqualität insgesamt, aber auch die trassierungstechnischen Vorteile für den Betrieb, sind so gewichtig, daß grundsätzlich mit einer positiven Einstellung der Bürger und der Gremien gerechnet werden kann, die über den Bau und die Finanzierung zu entscheiden haben. Voraussetzung wird allerdings sein, daß die neuen bergmännischen Vortriebsmethoden auch künftig den Sicherheitsanforderungen gerecht werden und daß die derzeitige günstige Preisrelation zur offenen Bauweise gewahrt bleibt.

Je mehr es gelingt, die offene Bauweise durch ebenso wirtschaftliche Methoden des unterirdischen Hohlraumbaues zu ersetzen, um so rascher und zuverlässiger kann der weitere Ausbau des Münchner U-Bahn-Systems durchgesetzt werden. Das U-Bahn-Referat der Landeshauptstadt München verfolgt deshalb die technischen Fortschritte der Bauwirtschaft mit dem größten Interesse und wird auch künftig tatkräftig mitwirken, wenn sich neue und aussichtsreiche Entwicklungen abzeichnen.

Für die künftige Praxis kann dies natürlich nicht bedeuten, daß die offene Bauweise gänzlich ausgeschlossen bleibt. Gerade im weniger dichtbebauten Außenbereich werden die Vorteile dieser bewährten einfachen Bauweise immer noch überwiegen. Je nach örtlicher Lage wird jedoch auch eine bergmännische Lösung in Betracht kommen, wenn etwa der Vergleich der Rohbaukosten allein für die umfassende Abwägung nicht genügt. Dies muß von Fall zu Fall in der Bauvorbereitung herausgearbeitet werden.

III. Gegenseitige Beeinflussung von technischer Entwicklung und Rechtsverfahren

1. Baustopp durch Rechtsverfahren?

Der Baudurchführung von Großvorhaben stehen, wie zahlreiche Fälle im Straßenbau, Krankenhausbau, Kraftwerksbau und auch im U-Bahn-Bau außerhalb Münchens zeigen, oft erst in letzter Minute vor dem vorgesehenen Baubeginn rechtliche Hindernisse entgegen, die nur in langwierigen Auseinandersetzungen, manchmal auch überhaupt nicht, ausgeräumt werden können. Dies liegt nicht nur an einer Fülle von Rechtswegen und Rechtsmitteln, die unsere Rechtsordnung einräumt. Es liegt vor allem daran, daß bei der technischen Planung nicht schon von Anfang an auf die möglichen rechtlichen Komplikationen Rücksicht genommen und die erforderlichen Vorkehrungen zu ihrer gegebenenfalls nötigen rechtzeitigen Ausräumung getroffen werden.

Die heftigen Auseinandersetzungen in letzter Zeit bei Großvorhaben haben deutlich gemacht, daß bei fast allen raumbedeutsamen Planungen verschiedene, widerstreitende und auch häufig sich ausschließende Interessen und Belange aufeinandertreffen. So kollidiert fast immer die Errichtung und der Betrieb des geplanten Projektes mit den Belangen des Eigentums-, Immissions- und Landschaftsschutzes und dem Schutz erhaltenswerter Stadt- und Wohngebiete, um nur einige Punkte zu nennen. Die Rechtsverfahren, insbesondere die Planfeststellungsverfahren, sind nun durch Gesetz und Rechtsprechung zunehmend zum Instrument des Ausgleichs dieser widerstreitenden Interessen geworden. Die Entscheidung darüber, welchen Interessen der Vorzug zu geben ist, erfordert daher stets eine sorgfältige Abwägung der privaten und öffentlichen Belange gegeneinander und untereinander. Diese wesentlichen, rechtsstaatlichen Anforderungen an raumbedeutsame Planungen und Planungsverfahren werden in vielen Fällen immer noch vernachlässigt. Das ist auch ein wesentlicher Grund dafür, daß — um es pauschal auszudrücken — eine Reihe hoffnungsvoller und aussichtsreicher technischer Projekte an der mangelnden technischen und rechtlichen Auseinandersetzung mit den Umweltauswirkungen und der mangelnden Auseinandersetzung mit den in Betracht kommenden Alternativen gescheitert sind.

Im Münchner U-Bahn-Bau wird versucht, diesen möglichen rechtlichen Planungszwängen von den ersten Planungsschritten an Rechnung zu tragen. Engste technisch-juristische Zusammenarbeit bestimmt bereits die erste Planungskonzeption viele Jahre vor dem Baubeginn. Bisher war denn auch in München die zügige Baudurchführung noch nicht durch erfolgreiche Einsprüche Dritter behindert. Obwohl bei einzelnen Baulosen immerhin mehrere hundert Einsprüche in Planfeststellungsverfahren vorlagen, war es bisher immer möglich, die Planung in den vorgesehenen Rechtsverfahren termingerecht durchzusetzen.

Einer sinnvolleren Verknüpfung der möglichen Rechtsfragen mit dem Planungs- und Baugeschehen kommt also zunehmende Bedeutung zu. Es liegt auf der Hand, daß auch die Auswahl der Baumethode bedeutenden Einfluß auf die jeweils zu lösenden Rechtsfragen hat und daß umgekehrt die Lösung der Rechtsfragen die Auswahl der Baumethode mitbestimmt.

Das gilt auch für die Frage, ob der offenen oder der bergmännischen Bauweise der Vorzug zu geben ist. Neben der für den Bauherrn besonders wichtigen Frage der Wirtschaftlichkeit der Bauweise können die Auswirkungen auf die Anlieger, insbesondere hinsichtlich der Inanspruchnahme der Privatgrundstücke und der vor allem während des Baues auftretenden Beeinträchtigungen und Belästigungen — je nach der Wahl der Bauweise —, sehr unterschiedlich sein. Diese Gesichtspunkte sind also sorgfältig gegeneinander abzuwägen. Diese Abwägung gestaltet sich jedoch deshalb besonders schwierig, weil die Vorplanung und die Ausarbeitung der Planfeststellungsunterlagen für Großvorhaben schon mehrere Jahre vor Baubeginn in Angriff genommen werden müssen, während sich die Frage der wirtschaftlichsten Bauweise in vielen Fällen erst nach der Submission, also unmittelbar vor Baubeginn, beantworten läßt.

2. *Planfeststellungsrechtliche Grenzen*

Dem Planfeststellungsbeschluß als der „Baugenehmigung des U-Bahn-Baues" liegt eine bestimmte Trasse und Gradiente sowie eine bestimmte Ausführungsart zugrunde.

Sondervorschläge können daher nur verwirklicht werden, wenn sie entweder den Inhalt des Planfeststellungsbeschlusses nicht oder nur geringfügig berühren oder wenn eine Änderung des Planfeststellungsbeschlusses unter den jeweils gegebenen Umständen und in der zur Verfügung stehenden Zeit möglich ist.

Da die Planfeststellung mit ihrer Konzentrations- und Gestaltungswirkung und als Enteignungsgrundlage die umfassende öffentlich-rechtliche Voraussetzung des U-Bahn-Baues darstellt, müssen die Auswirkungen eines Sondervorschlags, der eine geänderte Bauweise zum Gegenstand hat, an den Vorschriften über das Planfeststellungsverfahren gemessen werden.

Im günstigsten Falle kann die Planfeststellungsbehörde von einem neuen Planfeststellungsverfahren absehen, wenn bei Planänderungen von unwesentlicher Bedeutung die Belange anderer nicht berührt werden oder wenn die Betroffenen der Änderung zugestimmt haben. Andernfalls bedarf es eines neuen Planfeststellungsverfahrens. Bei Planänderungen von unwesentlicher Bedeutung kann die Planfeststellungsbehörde auch ein vereinfachtes Verfahren durchführen, bei dem es keines Anhörungsverfahrens und keiner öffentlichen Bekanntgabe des neuen Planfeststellungsbeschlusses mehr bedarf.

Es müssen also in jedem Fall eines Sondervorschlags, der einen Wechsel der Bauweise bedingt, die etwa zwei Jahre zuvor ausgearbeiteten Planfeststellungsunterlagen überarbeitet und gegebenenfalls neu erstellt werden. Ferner muß die Planfeststellungsbehörde von der Verbesserung gegenüber der bisher vorgesehenen Lösung überzeugt werden. Vor allem aber müssen die Verhandlungen mit den Betroffenen ein zweites Mal aufgenommen und im Sinne der Planänderungen erfolgreich durchgeführt werden. Dieser Erfolg wird davon abhängen, welche Vorteile die geänderte Planung insgesamt und für den einzelnen Betroffenen bringt. Die Risiken für das Planfeststellungsverfahren sind also nicht unerheblich. Sie betreffen die ursprünglichen Terminvorstellungen für die Baudurchführung ebenso wie etwaige aufgrund des ersten Planfeststellungsbeschlusses bereits eingeleitete vorbereitende Baumaßnahmen. Die Entscheidung über den Sondervorschlag hat auch diese Gesichtspunkte gebührend zu berücksichtigen.

Die Frage, ob in das Planfeststellungsverfahren von vornherein verschiedene Ausführungsarten eingeführt, abweichende Bauweisen also bereits im ersten Planfeststellungsbeschluß mit berücksichtigt werden können, dürfte zu verneinen sein. Die Betroffenen müssen dem Planfeststellungsbeschluß eindeutig und verbindlich entnehmen können, ob und inwieweit ihre Belange berührt werden.

3. Flexible Ausschreibung

Die Ausschreibungsunterlagen mit dem Leistungsverzeichnis, die regelmäßig Bestandteil des Bauvertrages werden, sollen bekanntlich eine möglichst genaue Beschreibung der Bauleistung und bei zum Teil mehrjährigen Ausführungsfristen auch Regelungen der Bauabwicklung enthalten. Genaue Ausschreibungsunterlagen ermöglichen dem Auftragnehmer eine genaue Kalkulation und schützen ihn vor unzumutbaren Risiken. Der Auftraggeber kann auf diese Weise sein finanzielles Engagement so genau wie möglich eingrenzen und erhält eine ganz bestimmte, von ihm bestellte Bauleistung.

Die präzise Beschreibung der Bauleistung bedeutet jedoch keine starre Festlegung einer spezifischen Bauweise. Um einen möglichst breiten Wettbewerb zu eröffnen, läßt das U-Bahn-Referat der Landeshauptstadt München Sondervorschläge zu, wo dies technisch möglich und planfeststellungsrechtlich vertretbar ist. Der Verzicht, bestimmte moderne Baumethoden zu fordern, sollte nicht als rückschrittliche Haltung angesehen werden. Wenn etwa ausschließlich die NATM vorgeschrieben würde, könnte dies bereits den Wettbewerb einengen. Bei Belassen eines ausreichenden Spielraumes wird dagegen das technische Wissen der Bauwirtschaft auf allen Gebieten mobilisiert.

Die ersten Erfahrungen mit einem Wechsel der Bauweise aufgrund von Sondervorschlägen haben allerdings auch gezeigt, daß nicht nur für das Planfeststellungsverfahren, sondern auch für die Abfassung des Bauvertrages Probleme auftauchen können.

4. Bauleistungsvertrag bei Sondervorschlägen

Beim Bauvertrag kommt es deshalb darauf an, daß der Sondervorschlag nicht nur die technische Abweichung von der ausgeschriebenen Lösung, sondern auch alle Modifizierungen des vorgesehenen Vertragstextes enthält, die für eine reibungslose Abwicklung des Sondervorschlages erforderlich sind.

Vor der Annahme eines Sondervorschlages muß geklärt sein, mit welchem Wahrscheinlichkeitsgrad die Bauweise bei den gegebenen Verhältnissen ausführbar ist oder ob alternative Ausführungsmethoden vorgesehen werden müssen. Wichtig ist ferner, ob die gewählte Bauweise in ihren Einzelheiten so eindeutig dargestellt ist, daß die Vergütung bei der Ausführung exakt ermittelt werden kann. Schließlich muß überblickt werden können, welche tatsächlichen Auswirkungen Störungen und andere Abweichungen vom Normalverlauf haben.

Im einzelnen gelten für den Sondervorschlag die Erfordernisse, an denen sich jeder brauchbare Bauvertrag zu orientieren hat. Auf der lückenlosen Beschreibung der gesamten Leistung ist die exakte Beschreibung der einzelnen Leistungen aufzubauen. Die vertraglichen Nebenpflichten sind eindeutig zu kennzeichnen. Für Überschreitung, Unterschreitung oder Wegfall von Positionen müssen Regelungen vorhanden sein. Für denkbare zusätzliche Leistungen kommen Alternativpositionen in Betracht. Nicht vorhersehbare zusätzliche Leistungen sind ebenfalls zu regeln (z. B. durch Limitierung). Schließlich bedarf es für Leistungsstörungen reibungslos vollziehbarer Regeln.

Die mit Sondervorschlägen verbundenen erhöhten Risiken für beide Seiten müssen angemessen verteilt werden. Eine genaue Überprüfung vor der Vergabe wird jeweils unterschiedliche Lösungen nahelegen. In Betracht kommt z. B. neben der Limitierung der Abrechnungssumme die Pauschalierung von Leistungsteilen.

Anschrift des Verfassers: Dr. jur. Werner Hochmuth, berufsmäßiger Stadtrat, Leiter des U-Bahn-Referates der Landeshauptstadt München, Viktualienmarkt 13, D-8000 München 2, Bundesrepublik Deutschland.

Beitrag 2

Planung, Ausschreibung, Bewertungskriterien für die Vergabe, Steuerung der Ausführungsplanung und des Bauablaufs von U-Bahn-Baumaßnahmen

Von

A. Krischke und **J. Weber**

Mit 5 Abbildungen

Zusammenfassung — Summary

Planung, Ausschreibung, Bewertungskriterien für die Vergabe, Steuerung der Ausführungsplanung und des Bauablaufs von U-Bahn-Baumaßnahmen. Dem U-Bahn-Referat der Landeshauptstadt München obliegen Vorbereitung, Planung und organisatorische Durchführung des U-Bahn-Baues. Es nimmt alle mit dem U-Bahn-Bau zusammenhängenden Zuständigkeiten sowohl im technischen als auch im Verwaltungs- und Rechtsbereich selbst wahr.

Die Ausführung der Bauleistungen wird auf dem Wege der Ausschreibung privaten Firmen übertragen.

In dem folgenden Beitrag werden die planerischen, organisatorischen und leitenden Funktionen des U-Bahn-Referates am Beispiel der Planung und Durchführung der beiden Baulose 9 und 18.2 der Linie U 8/1 dargestellt.

Planning, Bidding Procedure, Evaluation Criteria for Contract Award, Control of the Planning and Progress of Subway Construction. It is the task of the Subway Department of the city of Munich to prepare, plan and organize construction of the subway. This department bears all responsibility for the construction of the subway in the engineering, administrative and legal sectors.

The execution of the construction is given over to private companies by way of tenders.

In the following paper, the planning and execution of the two sections 9 and 18.2 of line U 8/1 have been chosen to demonstrate the functions of the Subway Department in the planning, organizational and supervisory sectors.

1. Planung

1.1. Liniennetzplan

Eine der wesentlichen Grundlagen für die Planungs- und Projektierungsarbeit des U-Bahn-Referates ist der vom Stadtrat beschlossene, jeweils gültige

Liniennetzplan. Das jetzt verbindliche Liniennetz weist drei Stammstrecken mit elf Außenästen auf, die zum Teil miteinander verknüpft sind.

Dieser Liniennetzplan wird in größeren Zeitintervallen fortgeschrieben. Die letzte Fortschreibung erfolgte am 14. Juni 1972.

1.2. Streckengenehmigung

Lange vor Beginn der eigentlichen Bauarbeiten müssen die vorgeschriebenen Genehmigungs- und Planfeststellungsverfahren bei der Regierung von Oberbayern erfolgreich abgeschlossen sein.

So ist für jede U-Bahn-Linie ein Streckengenehmigungsverfahren durchzuführen, in welchem vor allem die Linienführung sowie die Anzahl und die Lage der Bahnhöfe fixiert werden.

Die dafür notwendigen Pläne und Erläuterungen bilden die Informationsgrundlage für die Beurteilung des Projektes in der Phase der Abstimmung der Planung mit den betroffenen Verwaltungen und den politischen Gremien der Stadt, des Freistaates Bayern und des Bundes sowie mit eventuell betroffenen Gemeinden, Industrie- und Handelskammer, Fachgewerkschaften und Verbänden. Falls nach Prüfung aller Stellungnahmen keine Versagungsgründe vorliegen, wird die Genehmigung in der Regel unter Auflagen und Bedingungen erteilt und darüber eine Genehmigungsurkunde ausgestellt.

1.3. Planfeststellungsbeschluß

Während die Streckengenehmigung in der Regel eine ganze Linie mit eigener Verkehrsbedeutung umfaßt, bezieht sich der Planfeststellungsbeschluß nur auf einzelne Abschnitte.

Er stellt die eigentliche „Baugenehmigung" für eine zu erstellende U-Bahn-Anlage dar und legt diese rechtswirksam gegenüber jedermann fest.

Im Planfeststellungsverfahren können sich auch die Bürger über das Projekt informieren und Einwendungen vorbringen. Das U-Bahn-Referat als Antragsteller versucht dann von sich aus, alle begründeten Einwendungen auszuräumen. Nichtausgeräumte Einwendungen werden von der Planfeststellungsbehörde mit den Beteiligten erörtert. Kommt eine Einigung nicht zustande, so wird über die Einwendungen im Planfeststellungsbeschluß entschieden.

Der Planfeststellungsbeschluß bildet unter anderem auch die Rechtsgrundlage für die Enteignung, wenn private Grundstücke in Anspruch genommen werden müssen und keine gütliche Einigung zustande kommt. Wegen der weitreichenden rechtlichen Wirkung des Planfeststellungsbeschlusses für alle Beteiligten ist ein förmliches Verfahren vorgeschrieben. Deshalb sind auch die dem Verfahren zugrunde liegenden Pläne und Erläuterungen sehr viel umfassender und genauer als beim Streckengenehmigungsverfahren.

Zu den üblichen Planunterlagen gehören neben einem Streckenübersichtsplan im Maßstab 1 : 5000/500 (Länge/Höhe) selbstverständlich Lagepläne 1 : 1000, Längenschnitte 1 : 1000/100, Querschnitte 1 : 100 sowie Regelquerschnitte 1 : 20.

Unverzichtbarer Bestandteil der Planfeststellungsunterlagen sind weiter auch ein Grundstücksplan 1 : 1000 mit Grundstücksverzeichnis, ein Grunderwerbsplan, ein Verzeichnis an der Trasse liegender denkmalgeschützter Gebäude sowie ein Baumplan.

Geschwindigkeit		
	Ausbaugeschwindigkeit	Va = 80 km/h
	nach Fahrschaulinie	$V_f \leqq Va$
Gleisbogenhalbmesser		
	Regel	$R \geqq 400$ m
	min (Strecke)	$R = 270$ m
	min (Betriebshof)	$R = 100$ m
	an konvex gekrümmten Bahnsteigen	$R \geqq 400$ m
	an konkav gekrümmten Bahnsteigen	$R \geqq 650$ m
Übergangsbögen		
	Form	Klotoide
	zwischen Gerade u. Kreis wenn	$R \leqq \frac{V_f^2}{9}$
	Länge	$\leqq$ Überhöhungsrampe
Überhöhung		
	Regel	$Ü = 11,8 \frac{V_f^2}{R}$ mm
	min	$Ü = 11,8 \frac{V_f^2}{R} - 130$ mm
	max	165 mm
	max (an Bahnsteigen)	70 mm
Überhöhungsrampen 1 : m		
	Regel	$1 : 8\ V_f$ bzw. 1 : 400
	min	$1 : 6\ V_f$ bzw. 1 : 300
Maximale Längsneigung		
	im Tunnel	40 ‰ (1 : 25)
	auf offener Strecke	25 ‰ (1 : 40)
	in Bahnhofs-, Abstell- und Kehrgleisen	1,667 ‰ (1 : 600)
Ausrundung der Neigungswechsel		
	Regel	$Ra = 0,4\ V_a^2$
	min	$Ra = \frac{V_f^2}{4}$ bzw. 1000 m
	im Weichenbereich, Wanne	$Ra \geqq 2000$ m
	im Weichenbereich, Kuppe	$Ra \geqq 5000$ m

Abb. 1. Trassierungselemente der Münchner U-Bahn

Component parts of the tunnel alignment of the Munich subway

Im Planfeststellungsverfahren werden grundsätzlich auch Festlegungen über die Bauweise in dem gegenständlichen Abschnitt getroffen. Der Bürger kann also aus den Plänen und Erläuterungen ersehen, wo z. B. in offener und wo in geschlossener Bauweise gebaut, in welchen Bereichen Absenkbrunnen erstellt oder Erdanker eingebaut werden sollen und kann somit Umfang und Maß eventueller vorübergehender bzw. dauernder Beeinträchtigungen seines Grundstückes abschätzen.

Sowohl bei der Trassenwahl als auch bei der Wahl der Bauweise muß der planende Ingenieur neben den herkömmlichen, sie beeinflussenden Komponenten, wie etwa zügige Linienführung[1], Art und Abmessungen der Bauwerke, vorhandene Oberflächenbebauung mit zugehörigen Verkehrsflächen, hydrogeologische Gegebenheiten sowie wirtschaftliche Überlegungen, in immer stärkerem Maße auch Gesichtspunkten des Umweltschutzes, des Denkmalschutzes und des Baumschutzes Rechnung tragen.

Die grundsätzlich wünschenswerte kritische Beteiligung der Bürger erfordert vielfache Abstimmungen und manchmal auch Änderungen der Planung.

Deshalb ist es notwendig, denkbare Trassenvarianten und Bauweisen von vornherein auch weitgehend planerisch zu untersuchen, um die bei angemessener Berücksichtigung privater und öffentlicher Belange sich ergebenden Vor- und Nachteile der einzelnen Lösungen überzeugend darstellen zu können.

Nur so kann die Durchsetzbarkeit der als richtig erkannten Variante entsprechend abgesichert und Zeitverluste kleingehalten werden.

Alle Planungs- und Projektierungsarbeiten geschehen in engem wechselseitigem Zusammenwirken zwischen Ingenieuren und Juristen. Auf die umfangreichen, der Rechtsabteilung des U-Bahn-Referates daneben noch obliegenden, den Bau vorbereitenden Maßnahmen, die nicht unmittelbar zur Planung gehören, wie z. B. Freimachung der Trasse durch Erwerb von Grundstücken, Bestellung von Dienstbarkeiten, Umsetzung von Gewerbebetrieben und Mietern, soll hier nicht näher eingegangen werden. Der bisherige große Erfolg der Team-Arbeit rechtfertigt ihre unveränderte Fortführung in der Zukunft.

1.4. Ausschreibung

Die Ausschreibung erfolgt auf der Grundlage der Planfeststellungsunterlagen. Soweit vorhanden und inhaltlich zutreffend, werden beim Leistungsbeschrieb die Texte des GAEB [13] verwendet. Zu den Planunterlagen gehören insbesondere ein Längsschnitt mit den geologischen Aufschlüssen im Maßstab 1 : 1000/100, die Streckenbauwerke 1 : 250, die Bahnhofsbauwerke 1 : 100, Details im erforderlichen Maßstab, Belastungspläne, Baugrubenpläne 1 : 250, Spartenprojektpläne 1 : 250, ein Baustelleneinrichtungsflächenplan 1 : 1000, Verkehrsumleitungspläne, ein Bauzeitenplan. In der Regel werden die „Zusätzlichen Technischen Vorschriften (ZTV) des U-Bahn-Referates“ durch besondere Rechenvorschriften und bodenmechanische Rechenannahmen ergänzt.

Grundsatz des U-Bahn-Referates ist es, bereits bei den Ausschreibungen der einzelnen Baulose dem Bieter relativ eingehende und abgestimmte Unterlagen

[1] Vgl. Abb. 1. Trassierungselemente.

sowohl hinsichtlich Bauwerk, Bauweise und Bauablauf als auch hinsichtlich der Belange des öffentlichen Verkehrs, des Individualverkehrs und der Anliegerinteressen bereitzustellen.

Damit können zeitraubende Umplanungen nach der Vergabe und unvorhergesehene Kosten weitgehend vermieden werden.

Bei den seit Beginn des U-Bahn-Baus in München abgerechneten 50 Baulosen liegt die Abrechnungssumme im Mittel bei 94 % der Vergabesumme.

Darüber hinaus können nur auf diese Weise Sondervorschläge rasch und eindeutig beurteilt, eine konsequente Weiterentwicklung von als richtig erkannten Konstruktionsprinzipien verfolgt und die umgehende Anwendung neuer Entwicklungen unter Inkaufnahme eines begrenzten, überschaubaren Risikos zur Erzielung von Kostenminderungen durchgesetzt werden.

So wurde in München insbesondere eine immer weitere Anwendung von wasserundurchlässigem Beton betrieben und Vorschläge für eine praktikable und wirtschaftliche Bemessung gemacht [1, 2]. Damit wurde eine Entwicklung ermöglicht, die in München zu einer fast ausnahmslosen Anwendung von wasserundurchlässigem Beton bei offenen und geschlossenen Bauweisen, bei Strecken und Bahnhöfen geführt hat.

Bei den offenen Bauweisen liegen die Schwerpunkte der Entwicklung bei der steifenfreien, geankerten Baugrube, dem durch Rüttelspülverfahren ermöglichten Einsatz von Spundwänden zur Herstellung von wasserdichten Trögen im Quartär, verfeinerter Wasserhaltung [12] mit nicht abgesenktem oberen Grundwasserstockwerk im Quartär und gezielter Entspannung der gespanntes Wasser führenden tertiären Sandeinlagerungen in den wasserundurchlässigen Mergeln, einer damit abgestimmten Baugrubenumschließung und schließlich bei den Schlitzwandbauweisen [3]. Derzeit werden bei zehn Baulosen die Außenwände der Bahnhöfe oder der Strecken als Schlitzwände ausgeführt.

Bei den geschlossenen Bauweisen konkurrieren in München der Schildvortrieb und die bergmännischen Bauweisen. Beim Schild hat sich der vollmechanische Vortrieb mit offenem Schneidrad und die Auskleidung mit Stahlbetontübbings behauptet.

Bisher wurden in München in sechs Baulosen ca. 12,2 km Einzelröhren im Schildvortrieb aufgefahren, für ein Baulos mit 2,07 km Einzelröhre ist der Auftrag erteilt.

Bis 1968 wurde die zweischalige Bauweise mit Block- oder Wendeltübbing, 18 cm dicker Innenschale und dazwischenliegender Abdichtung aus Bitumenschweißbahnen angewendet; dann wurde statt der Bitumenabdichtung eine 40 cm dicke, wasserundurchlässige Innenschale eingebaut. 1973 erfolgte der Übergang zur einschaligen Bauweise. Erstmals im deutschen U-Bahn-Bau wurde ein Baulos mit 1320 und 990 lfdm Schildröhre mit Stahlbetonkassettentübbings ausgekleidet und unter Druckluft aufgefahren [4].

Im gleichen Jahr erfolgte aber auch der Durchbruch zu den bergmännischen Bauweisen mit der folgenden, überraschend schnellen Entwicklung:

Innerhalb von vier Jahren wurden in sechs Baulosen ca. 8700 m eingleisige Tunnel und ca. 750 m zweigleisige Tunnel erstellt. Weitere Baulose, darunter dreigleisige Tunnelquerschnitte, sind in Arbeit.

Zum Zeitpunkt der Vergabe des Bauloses 8/1—9 lagen bei uns im wesentlichen nur die Erfahrungen vom Auffahren der beiden Bahnsteigtunnel unter dem Münchner Rathaus in den Jahren 1967—1969 mit einem Messervortrieb vor [5, 6, 7].

Der Sondervorschlag „Messervortrieb" stand schon damals im Wettbewerb mit einem Vorschlag in Neuer Österreichischer Tunnelbauweise. Diese kam

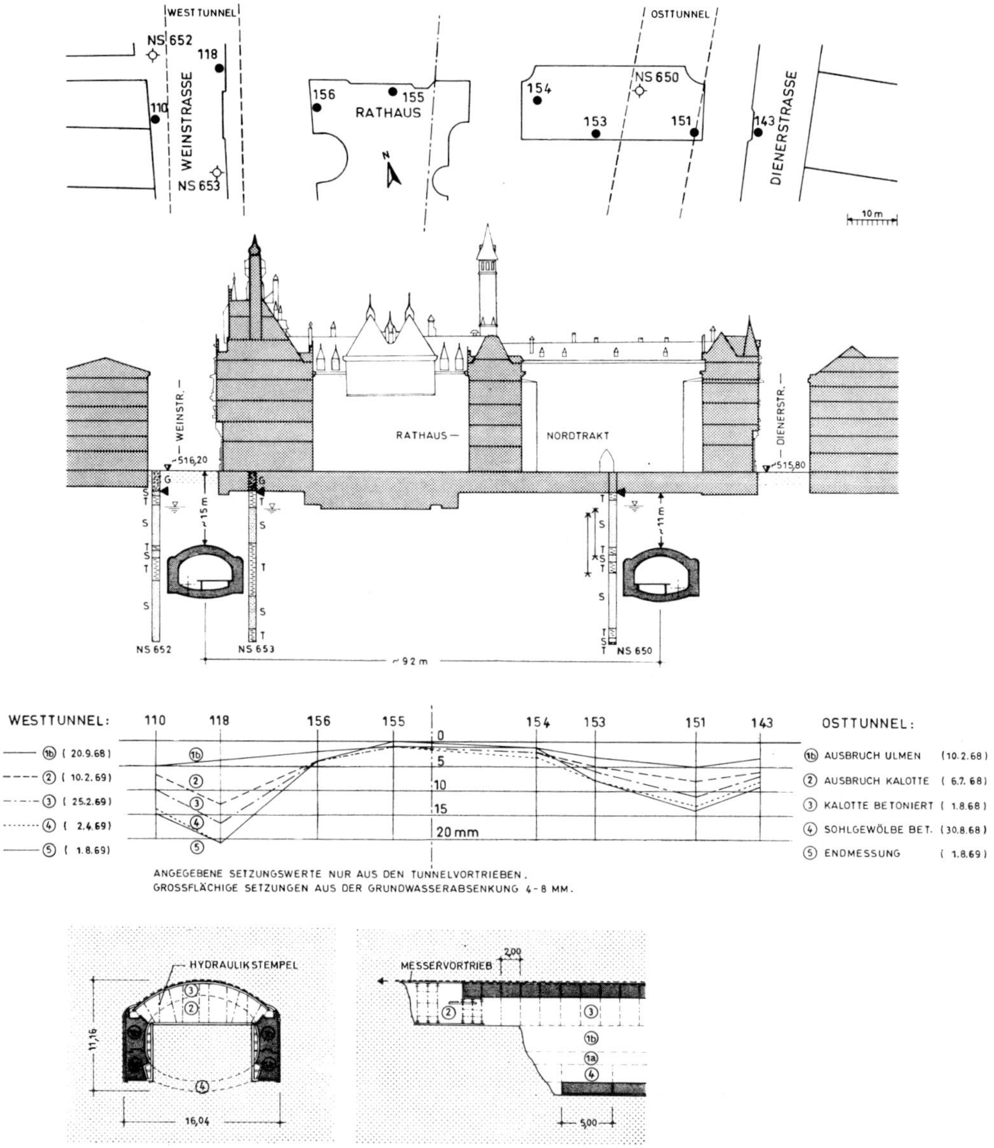

Abb. 2. Setzungsverlauf bei der Rathausunterfahrung

Diagram of settlement in driving of the tunnels under the Town Hall

noch nicht zum Zuge, weil die damals vorliegenden ersten Erfahrungen mit der NATM im Gebirgstunnelbau für die Unterfahrung des Rathauses, ohne die Möglichkeit der Einrichtung einer Probestrecke, noch nicht ausreichend waren.

Insbesondere lagen damit noch keinerlei Erfahrungen im Münchner Baugrund vor, und die vom Bieter als wahrscheinlich genannten Setzungswerte ließen die Anwendung noch als zu riskant erscheinen.

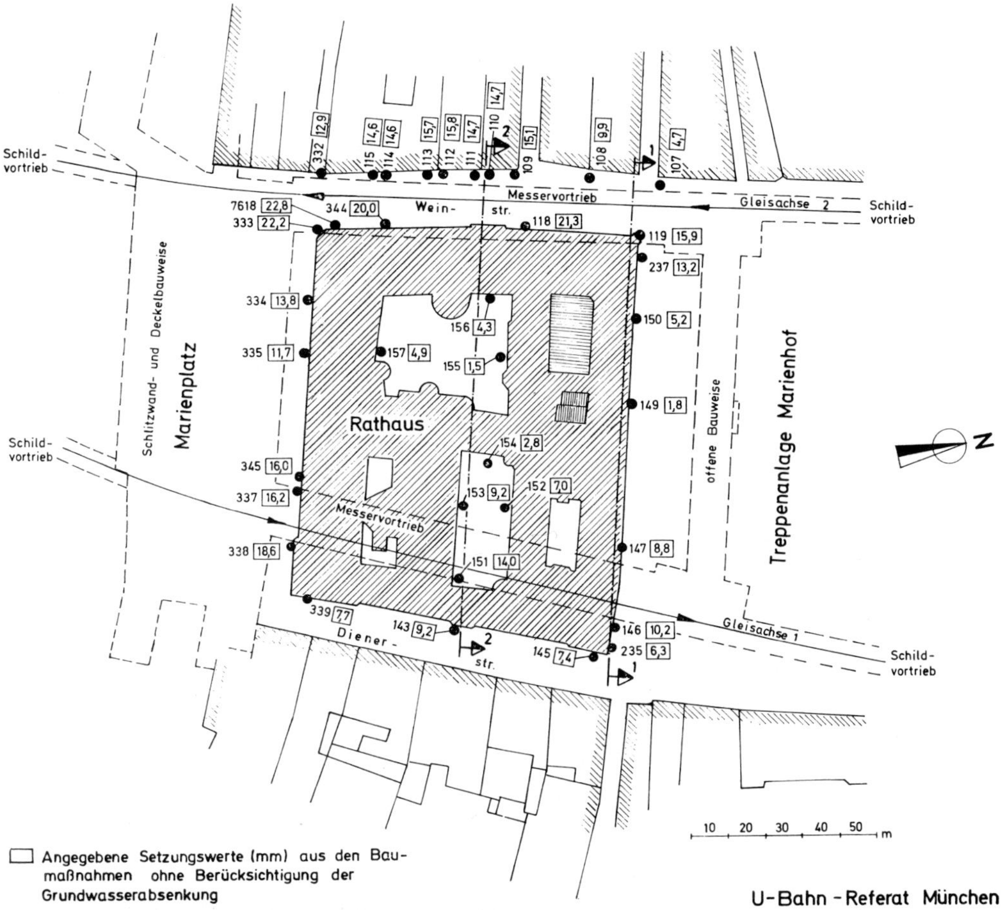

Abb. 3. Übersicht über die Setzungen des Rathauskomplexes infolge der Unterfahrung
Survey of settlement of the Town Hall complex as a result of the subway construction

Das angewendete Messervortriebsverfahren war erfolgreich. Der ca.150 m² große Gesamtausbruchsquerschnitt wurde in Kernbauweise in Teilvortrieben aufgefahren. Hervorzuheben sind die gemessenen geringen Oberflächensetzungen (Abb. 2 und 3). Man konnte deshalb davon ausgehen, mit dem Messervortriebsverfahren eine zukunftsträchtige Bauweise für das Auffahren größerer Querschnitte unter Gebäuden im Münchner Baugrund erprobt zu haben.

Erst ab 1973 bot sich mit dem Bau der Linie 8/1 bei uns weitere Gelegenheit zur Anwendung bergmännischer Bauweisen. Zunächst wurde im Frühjahr für eine ca. 665 m lange bergmännische Strecke mit zwei eingleisigen Tunnel der Bauauftrag erteilt. Diese Strecke war für den vollmechanischen Schildvortrieb bisheriger Art in München nicht geeignet, weil ca. $^1/_3$ der Strecke im Quartär bzw. im Auftauchbereich Tertiär/Quartär lag.

Zum Zuge kam ein Sondervorschlag, der, um den optimalen Einsatz einer Tunnelfräse zu ermöglichen, eine sogenannte Rampenbauweise vorsah [8, 9]. Verwendet wurden Spritzbeton, Betonstahlmatten, GI-Ausbaubögen, aber keine Gebirgsanker. Dafür erfolgte die Abstützung der Kalottenbögen auf einen durchlaufenden Stahlbetonfußbalken. Diese Bauweise hat sich in der Durchführung und im Setzungsverhalten bewährt und wurde inzwischen bei weiteren drei Baulosen angewendet.

Zum Zeitpunkt der Ausschreibung und Vergabe des Bauloses 9 im Herbst 1973 lagen aber noch keine praktischen Erfahrungen mit der NATM in München vor. Neben ca. 275 m eingleisigen Tunnel waren ca. 490 m Bahnsteig- bzw. zweigleisige Streckentunnel, zum Teil nur wenige Meter unter Gebäudefundamenten, aufzufahren.

Die Ausschreibung sah deshalb, auf die Erfahrungen der Rathausunterfahrung gestützt, ein Messervortriebsverfahren für die Bahnsteigtunnel und zweigleisigen Tunnel vor. Für die eingleisigen Tunnel war ein Vortrieb mit GI-Bögen und Pfänddielen (Kölner Verbau) vorgesehen. Der in Beitrag 3 beschriebene Sondervorschlag und spätere Ausführungsentwurf stand im Vergabeverfahren im wesentlichen in Konkurrenz mit einem Sondervorschlag einer anderen Bietergruppe. Diese schlug bei den großen Querschnitten die Anwendung der NATM in Verbindung mit einem Messerschild vor.

Beide Vorschläge wurden eingehend mit dem bodenmechanischen Gutachter, dem Prüfingenieur und der Aufsichtsbehörde diskutiert und abgewogen. Insbesondere bestanden in einem Fall Bedenken gegen das Spritzen gegen den Messerschild, den damit fehlenden Kontakt Spritzbeton/Gebirge an der Messerspur und den Verzicht auf Gebirgsanker. Im anderen Fall sprachen für die Vergabe die großen Ulmen, die ein festes Widerlager für die Kalotte bildeten und deren Stützweise kleinhielten, die mögliche Entwässerung in die vorlaufenden Ulmen mit gleichzeitiger Bodenerkundung, vorgespannte Gebirgsanker, von denen insbesondere eine Minderung der Setzungen erwartet wurde.

Trotzdem erfolgte die Vergabe unter dem Vorbehalt des Nachweises von Meßergebnissen, etwa den Ergebnissen am Rathaustunnel entsprechend, in einer Versuchsstrecke, da bis dahin noch kein Querschnitt vergleichbarer Größe, nur wenige Meter unter Gebäuden, in NATM aufgefahren worden war. Für die Versuchsstrecke eignete sich eine am Förderschacht anschließende, 60 m lange, nicht überbaute Strecke. Im Falle unbefriedigender Meßergebnisse sollte der Amtsentwurf zur Ausführung kommen. Im Erfolgsfalle erniedrigte der dann zur Ausführung kommende Sondervorschlag die Vergabesumme um ca. 17 %. Im Herbst 1974 lagen die Erfahrungen und Meßergebnisse der Probestrecke vor. Die wichtigsten Ergebnisse werden in Beitrag 5 dargestellt und kommentiert. Die in diese Bauweise gesetzten Erwartungen wurden erfüllt und sogar übertroffen. Bei der Regierung von Oberbayern, der zuständigen technischen Aufsichtsbehörde (TAB), wurde deshalb in einer gemeinsamen Stellungnahme des bodenmechanischen Gutachters, des Prüfingenieurs und des U-Bahn-Referates zum Meßbericht und zum Erläuterungsbericht der Arge die Zustimmung zur Anwendung der neuen Bauweise beantragt. Die Zustimmung wurde von der Regierung von Oberbayern umgehend erteilt.

Zur gleichen Zeit mußte bereits über die Fortführung dieser Baumethode im Zuge des anschließenden Bauloses 18.2 vom Sendlinger-Tor-Platz zum Hauptbahnhof entschieden werden. Dieses Baulos umfaßte im wesentlichen

- einen knapp 800 m langen Streckenabschnitt mit zwei nebeneinanderliegenden eingleisigen Streckentunneln, nahezu ausschließlich unter vorhandener Bebauung gelegen, und
- eine ca. 180 m lange Gleisharfe, wo sich die zwei Streckengleise gabeln, um mit vier Gleisen in den Kreuzungs- und Verzweigungsbahnhof Hauptbahnhof einzumünden.

Der Amtsentwurf sah im Bereich der Gleisharfe einen bergmännisch mit Längs- und Quervortrieben aufgefahrenen zweizelligen Rechteckquerschnitt von ca. 32 m Gesamtbreite vor.

Die Arge Baulos 9 bot den in Beitrag 3 geschilderten Sondervorschlag an. Die bei der Erstellung der Versuchsstrecke gemachten Erfahrungen und die vorliegenden Meßergebnisse ließen die technische Durchführbarkeit und geringe Setzungswerte auch bei den sich ergebenden nebeneinanderliegenden, bis 106 m² großen Ausbruchsquerschnitten erwarten. Von Vorteil war auch die dadurch mögliche Versorgung der Vortriebe beider Baulose von dem vorhandenen Förderschacht aus.

Mit zunehmender Streckenführung unter Gebäuden gewinnen *zusätzliche Konstruktionen zur Erzielung einer ausreichenden Körperschalldämmung* an Bedeutung. Als besonders geeignet haben sich nach Kenntnisstand und Erfahrung elastisch gelagerte Gleistrogsysteme erwiesen. In München liegen damit die ersten Erfahrungen schon ca. zehn Jahre zurück. In einem Streckenabschnitt unter einem direkt auf das U-Bahn-Bauwerk aufgesetzten Gebäude wurde 1969 eine bewehrte Ortbeton-Gleistrogkonstruktion auf Gummiprofilen eingebaut [14]. Messungen des Instituts für Bau von Landverkehrswegen der Technischen Universität München haben gegenüber dem normalen Schotteroberbau im Summenpegel eine Körperschallminderung um ca. 17 dB_V ergeben [15].

Heute werden im allgemeinen Gleiströge aus Stahlbetonfertigteilen wegen der hier geringeren Gefahr der Bildung von Schallbrücken bevorzugt. Die Entwicklung auf diesem Gebiet ist aber noch nicht abgeschlossen.

Im Baulos 9 und 18.2 wurden zur Körperschalldämmung 1 m lange Fertigteiltröge, die den Schotter und den Gleisrost aufnehmen, auf elastischen Lagerelementen im Tunnel verlegt. Bei dem so gebildeten Masse-Feder-System sind Trogeigengewicht, Schotter und Gleisrost die Masse, während die Lagerelemente als Feder wirken. (Siehe Abb. 4.)

Die erforderlichen Maßnahmen zur Körperschalldämmung werden für das jeweilige Baulos vom U-Bahn-Referat entworfen und ausgeschrieben.

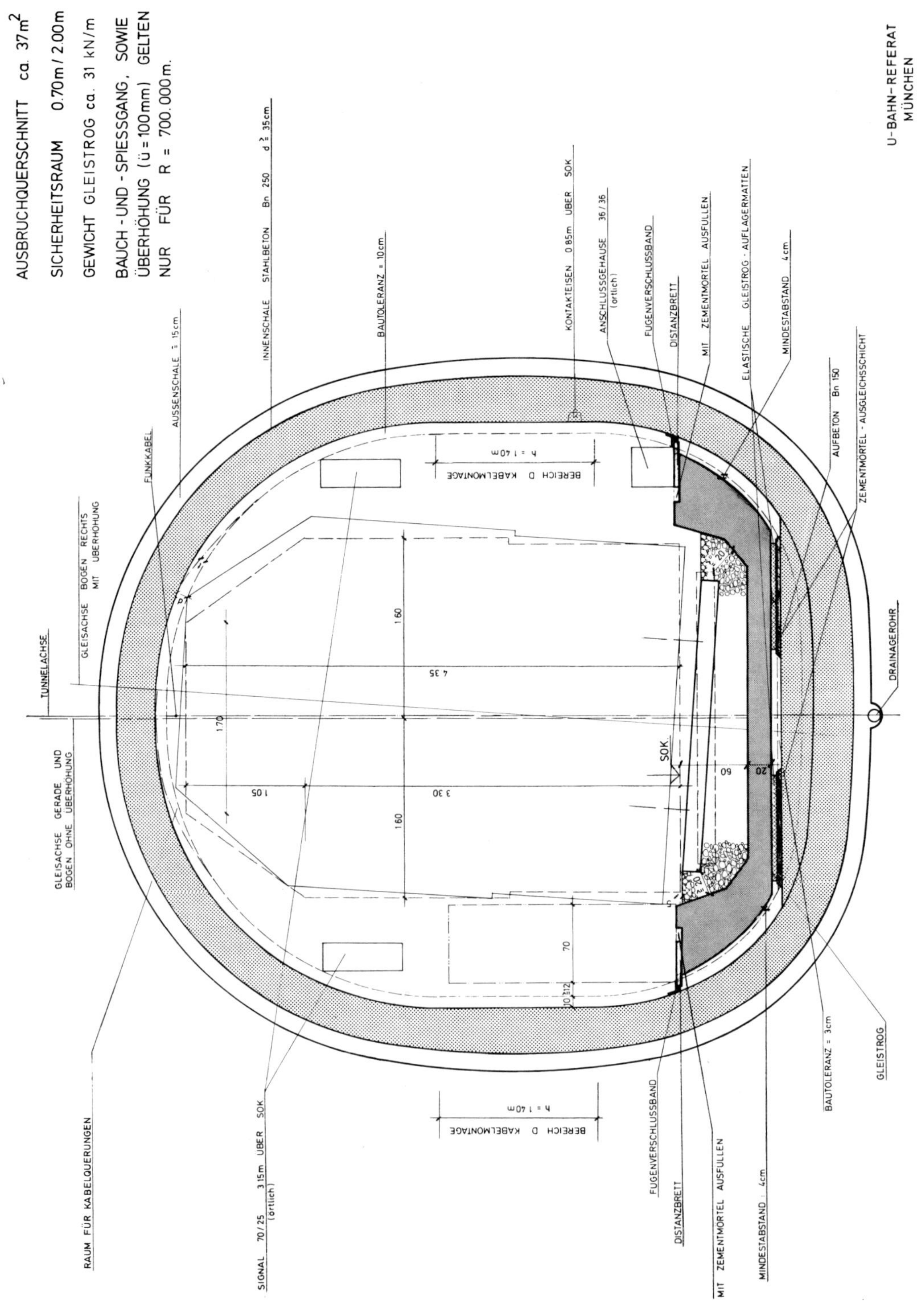
AUSBRUCHQUERSCHNITT ca. 37 m²
SICHERHEITSRAUM 0.70 m / 2.00 m
GEWICHT GLEISTROG ca. 31 kN/m
BAUCH - UND - SPIESSGANG, SOWIE ÜBERHÖHUNG (ü = 100 mm) GELTEN NUR FÜR R = 700.000 m.
U-BAHN-REFERAT MÜNCHEN
AUSSENSCHALE ≥ 15cm
INNENSCHALE STAHLBETON Bn 250 d ≥ 35cm
BAUTOLERANZ = 10cm
KONTAKTEISEN 0.85m ÜBER SOK
ANSCHLUSSGEHÄUSE 36/36 (örtlich)
FUGENVERSCHLUSSBAND
DISTANZBRETT
MIT ZEMENTMÖRTEL AUSFÜLLEN
ELASTISCHE GLEISTROG - AUFLAGERMATTEN
MINDESTABSTAND 4cm
AUFBETON Bn 150
ZEMENTMÖRTEL - AUSGLEICHSSCHICHT
DRAINAGEROHR
GLEISTROG
BAUTOLERANZ = 3cm
FUNKKABEL
TUNNELACHSE
GLEISACHSE BOGEN RECHTS MIT ÜBERHÖHUNG
GLEISACHSE GERADE UND BOGEN OHNE ÜBERHÖHUNG
RAUM FÜR KABELQUERUNGEN
SIGNAL 70/25 3.15m ÜBER SOK (örtlich)
BEREICH D KABELMONTAGE
h = 1.40m
SOK
4.35
3.30
1.60
1.70
1.05
70
60
20

Herr Professor Dr.-Ing. Eisenmann, Lehrstuhl und Institut für Bau von Landverkehrswegen, wird dabei laufend für Beratung und gutachterliche Beurteilungen zugezogen.

Zum Einbau werden nur Lagerelemente zugelassen, für die der Auftragnehmer eine „allgemeine Gebrauchstauglichkeit für ein Masse-Feder-System unter U-Bahn-Betrieb" nachweisen kann. Als Nachweis gilt eine diesbezügliche Bestätigung einer für diesen Fachbereich zugelassenen amtlichen Prüfungsanstalt.

2. Steuerung der Ausführungsplanung und des Bauablaufs

2.1. Termine und Fristen

Üblicherweise wird im Rahmen der Ausschreibung eines Bauloses ein Bauzeitenplan des U-Bahn-Referates vorgegeben, in welchem grundsätzlich Baubeginn und Bauende sowie die einzuhaltenden Zwischentermine festgelegt sind.

Vertragstermine werden nur solche Termine, die bei Vertragsabschluß ausdrücklich schriftlich als solche erklärt und vereinbart werden.

Dieser Bauzeitenplan fügt sich in den Rahmenterminplan des U-Bahn-Referates, der für eine oder mehrere U-Bahn-Linien aufgestellt wird, ein.

Erfolgt die Vergabe auf der Grundlage eines Sondervorschlages, so wird in aller Regel von dem vorgegebenen Bauzeitenplan des U-Bahn-Referates abgewichen. Dies ist im vorliegenden Falle sowohl beim Baulos 9 als auch beim Baulos 18.2 geschehen, wobei eine Bauzeitverkürzung um neun Monate angeboten wurde. In solchen Fällen muß die Bietergemeinschaft bzw. die Arbeitsgemeinschaft dann einen eigenen verbindlichen Bauzeitenplan, der vertragliche Zwischentermine selbstverständlich berücksichtigen muß, vorlegen. Dieser Plan wird dann vom U-Bahn-Referat geprüft und Bestandteil des Bauvertrages.

Im allgemeinen genügt für die Durchführung der Rohbauarbeiten ein Bauzeitenplan in Form eines Balkenplanes oder eines Weg-Zeit-Diagramms. Aus ihm lassen sich die gegebenen Abhängigkeiten der einzelnen Jobs genau genug ablesen.

Erfreulicherweise konnte die Arbeitsgemeinschaft die ursprünglich angebotene Bauzeitverkürzung von neun Monaten im Zuge der Abwicklung der Arbeiten sogar noch um drei Monate, auf zwölf Monate, erhöhen. Allerdings wurde diese zusätzliche Bauzeitverkürzung infolge aufgetretener Leistungsmehrungen, die von der Arbeitsgemeinschaft nicht zu vertreten waren, wieder aufgezehrt.

2.2. Steuerung der Ausführungsplanung

Mit der Auftragserteilung übernimmt der Auftragnehmer die Durchführung der Ausführungsplanung. Dem U-Bahn-Referat obliegt die Steuerung des Planungs-, Prüfungs- und Genehmigungs-Ablaufes.

Abb. 4. Eingleisiger Tunnelquerschnitt mit Gleistrog

Tunnel cross section with track trough

Alle Ausführungsunterlagen werden dem U-Bahn-Referat zur Baufreigabe vorgelegt. Hier werden sie mit allen zuständigen Stellen innerhalb und außerhalb des Hauses koordiniert.

Die Unterlagen der Tragwerksplanung werden vom U-Bahn-Referat bezüglich der Lastansätze, der bodenmechanischen Kennwerte, der Berechnungsmethodik, der Übereinstimmung mit den Vertragsunterlagen etc. überprüft und abgestimmt und dem von der TAB bestimmten Prüfingenieur für Baustatik zur Prüfung zugeleitet. Vorübergehende Tragwerke, wie Baugrubenumschließungen und -aussteifungen, werden, einer Planfeststellungsauflage zufolge, vom U-Bahn-Referat auch in statischer Hinsicht vorgeprüft. Dadurch wird eine Kontinuität und der Einfluß der im U-Bahn-Referat vorliegenden Erfahrungen gewahrt, und im Bedarfsfall können rasche Entscheidungen getroffen werden. Die geprüften Unterlagen werden der Regierung von Oberbayern vorgelegt. Diese erteilt dem U-Bahn-Referat die Ausführungsfreigabe nach dem Personenbeförderungsgesetz. Danach erteilt das U-Bahn-Referat dem Auftragnehmer die Ausführungsgenehmigung. (Siehe Abb. 5.)

Im Schnitt ist für das Prüfungs- und Genehmigungsverfahren ein Zeitraum von 6—8 Wochen anzusetzen.

Mit Einführung der NATM im Baulos 8/1—9 für größere Ausbruchsquerschnitte und den sich hiermit abzeichnenden vielfältigen Möglichkeiten ihrer Anwendung waren grundsätzliche Festlegungen zu treffen, welche eine weitere wirtschaftliche Entwicklung der Bauweise fördern sollten, ohne daß damit nicht vertretbare technische Risiken und Rückschläge in Kauf genommen werden mußten. Dazu war es erforderlich, aus dem Gebirgstunnelbau stammende

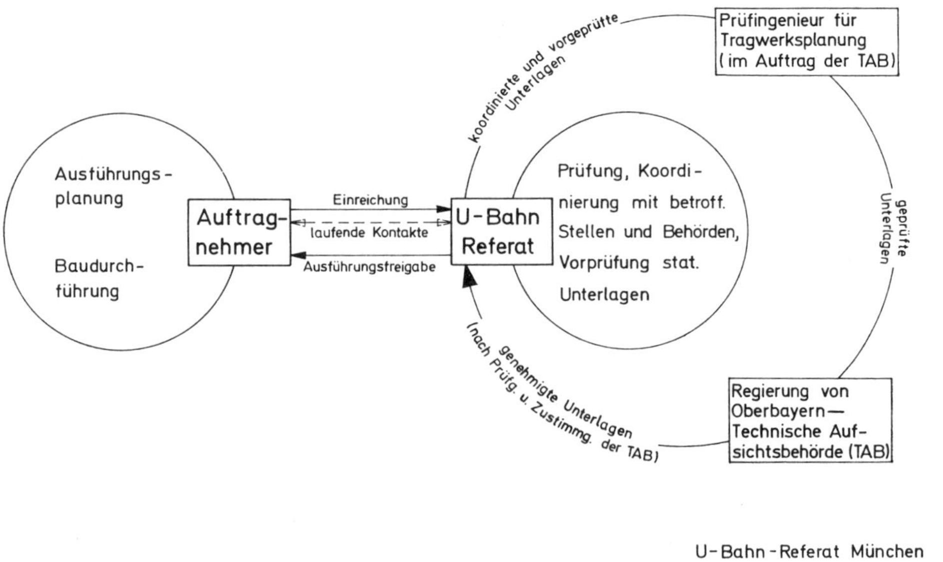

Abb. 5. Prüfungs- und Genehmigungsablauf der Ausführungsplanung

Flow of the test and approval procedure in construction planning

und für Vorbemessungen brauchbare empirische Bemessungsregeln soweit wie möglich durch theoretisch zutreffendere Berechnungsmethoden zu ersetzen. Es war auch darauf zu achten, daß, mehr als im Gebirgstunnelbau, alle Vortriebs- und Sicherungsmaßnahmen unter der Prämisse der Minimierung der Oberflächenbewegungen durchgeführt wurden. Voraussetzung für Berechnungsmethodik und Setzungsbeurteilung ist ein umfangreiches Meßprogramm, wobei der Erfassung der Boden- und Geländebewegungen in allen Vortriebsphasen durch Extensometer und Oberflächennivellements besondere Bedeutung zuzumessen ist (vgl. hierzu Beitrag 5).

Für die Berechnung selbst schien uns die Methode der Finiten-Elemente am geeignetsten zu sein, um das statische Zusammenwirken des Gebirges und der Tunnelauskleidung, den Kräftefluß und die Verformungen rechnerisch zu erfassen.

Einem Vorschlag der Arge folgend wurde im Baulos 9 mit dem an der ETH Zürich entwickelten Programmsystem STAUB gerechnet. Eine kurze Beschreibung des gewählten Rechenmodells, der Parameteranalyse und der Rechenergebnisse ist in [10] enthalten. In Beitrag 4, Weiterentwicklung der Berechnung, sind die bodenmechanischen Kennwerte und die wichtigsten Berechnungsergebnisse angegeben. Selbstverständlich zeigten sich auch hier die Problematik und die Unzulänglichkeiten der FE-Berechnung, die großen Unterschiede zwischen Erfahrung, Meßwerten und den Rechenergebnissen, welche viele Fachleute an dem Sinn solcher aufwendigen, quasi-exakten Rechenmethoden zweifeln lassen. Es zeigte sich bald, daß Weiterentwicklungen der vorhandenen Rechenverfahren erforderlich waren, welche erlaubten, die Meßergebnisse vorsichtig zu integrieren. Damit sollten z. B. die räumliche Tragwirkung, die zeitabhängigen Materialeigenschaften, die Streuung der bodenmechanischen Kennwerte besser erfaßt werden.

Ein Weg dazu ist die im Baulos 18.2 angewendete und in Beitrag 4 beschriebene Weiterentwicklung der Berechnung.

In anderen Baulosen wurden andere Wege der Verbesserung und Weiterentwicklung der FE-Berechnung beschritten, z. B. Variation des E-Moduls des Betons, bis ausreichende Übereinstimmung der gemessenen mit den gerechneten Setzungswerten erzielt ist [11].

Besonderes Augenmerk wurde den bis zu 14 Mp vorgespannten Gebirgsankern, System GD, gewidmet. Nach umfangreichen Vorversuchen wurden Eignungsprüfungen unter Aufsicht des Prüfamts für Grundbau und Bodenmechanik der TU München durchgeführt und Abnahmekriterien für die Prüfung jedes Ankers festgelegt. Die Technische Aufsichtsbehörde erteilte, da keine allgemeine bauaufsichtliche Zulassung vorlag, die Zustimmung im Einzelfall für ihre Anwendung.

In diesem Zusammenhang ist auf den maßgeblichen Einfluß des bodenmechanischen Gutachters, Herrn Professor Dr.-Ing. Jelinek und Herrn Direktor Dipl.-Ing. v. Soos, und des Prüfingenieurs, Herrn Professor Dr.-Ing. Kupfer, auf die Anwendung und Weiterentwicklung der NATM hinzuweisen. Entscheidende Anregungen wirken aus dieser vorbildlichen Zusammenarbeit auch über diese beiden Baulose hinaus. Die rasche Entwicklung der NATM in München seit 1974 hat für die Rechenmethodik wohl den in der relativ kurzen

Zeit überhaupt möglichen, aber noch ausreichenden, Stand erreicht. Der eingeschlagene Weg des statischen Nachweises aller Bau- und Vortriebszustände unter Einbeziehung der Meßergebnisse und die Anwendung der FE-Berechnung soll beibehalten werden.

Wir sehen in der theoretischen Begleitung der auf NATM-Grundsätzen basierenden Konstruktionsvorschläge ein wichtiges Hilfsmittel zu ihrer richtigen Beurteilung.

Für die weitere Entwicklung werden folgende Schwerpunkte gesetzt:

- Kritische Beurteilung der bisher verwendeten Rechenmodelle unter Berücksichtigung der inzwischen vorliegenden umfangreichen Meßwerte. Rechenprogramme, welche die Verwendung zeitlicher und räumlicher Parameter und strengerer Spannungs-Verformungsbeziehungen ermöglichen. Einbeziehung moderner, sicherheitstheoretischer Überlegungen im Hinblick auf die Unsicherheiten in den Modellannahmen und auf die Streuung der Materialkennwerte des Bodens und des Ausbaus.
- Gezielte, auf die angewendeten Rechenverfahren abgestimmte Untersuchungen von Bodenproben. Damit sollen die notwendigen genaueren Kenntnisse über Spannungs-Verformungsbeziehungen, über die Abhängigkeiten der Scherfestigkeit und über den Ausgangsspannungszustand des Bodens erhalten werden.

2.3. Bauüberwachung

Die Bauüberwachung der Rohbaumaßnahmen erfolgt durch das U-Bahn-Referat. Bei auftretenden Arbeitsspitzen werden fallweise Ingenieurbüros eingeschaltet, wie dies z. B. auch beim Baulos 9 geschehen ist. Allgemein und vereinfacht ausgedrückt hat die Bauüberwachung dafür zu sorgen, daß das Bauwerk gemäß dem mit dem Auftragnehmer abgeschlossenen Bauleistungsvertrag ausgeführt und alle ergangenen Planfeststellungsauflagen erfüllt werden.

Die Bauüberwachung des U-Bahn-Referates schlägt deshalb in aller Regel ihr Büro neben dem Bauleitungsbüro des Auftragnehmers auf der Baustelle auf, um in unmittelbarem Kontakt mit dem Geschehen auf der Baustelle ihrer Aufgabe gerecht werden zu können. In regelmäßig stattfindenden Baubesprechungen werden auftauchende Fragen erörtert und getroffene Auslegungen oder Vereinbarungen schriftlich niedergelegt.

Immer wiederkehrende Tagesordnungspunkte sind dabei Terminfragen, Fragen der Abrechnung von Leistungen, die Ankündigung von Nachtragsangeboten und die Erörterung der entsprechenden Anspruchsgrundlagen. Zu den Aufgaben der Bauüberwachung gehört es auch, darüber zu wachen, daß nur solche Teilleistungen in Angriff genommen bzw. ausgeführt werden, für welche auf der Baustelle zur Ausführung freigegebene Pläne vorliegen.

Regelmäßig werden z. B. auch die Bauwerksabmessungen sowie die Richtigkeit der Bewehrung vor dem Betonieren einzelner Abschnitte überprüft. Zu kontrollieren ist auch die ordnungsgemäße Erstellung von Bauhilfsmaßnahmen, wie z. B. Grundwasserabsenkungsanlagen, Bodeninjektionen u. ä., sowie deren

Funktionstüchtigkeit bzw. Wirksamkeit. Alle für die Abrechnung von Vertragsleistungen erforderlichen Aufmaße werden vom Auftragnehmer und Bauaufsicht gemeinsam getätigt.

Zu den Aufgaben der Bauaufsicht gehören auch die Durchführung von Teilschlußabnahmen sowie von Schlußabnahmen nach VOB, die Kontrolle der Mängelbehebung und die Prüfung und Anweisung von Abschlags- und Schlußrechnungen.

Zu erwähnen ist weiter als wichtige Aufgabe die Prüfung und Feststellung von Nachtragsangeboten, zunächst im Hinblick auf die Anspruchsgrundlage und dann auch bezüglich der Angemessenheit der Preise.

Bei jedem Baulos sind vertragsgemäß Materialprüfungen, Festigkeitsprüfungen und Eignungsprüfungen an Baustoffen und Bauteilen durchzuführen bzw. zu veranlassen.

Bei den beiden gegenständlichen Baulosen waren erstmalig auch Prüfungen der Gebirgsanker und des Spritzbetons durchzuführen.

Für die hier verwendeten SN-Anker (System GD) lag eine Zustimmung im Einzelfall vor, die eine Überprüfung jedes einzelnen Ankers vorschrieb. Dies geschah in der Weise, daß zunächst eine Teilvorspannung von 5 Mp aufgebracht und der Ankerüberstand gemessen wurde. Nach Aufbringen der endgültigen Vorspannung von 10 bzw. 14 Mp wurde der Ankerüberstand erneut gemessen. Der sich aus der Differenz der beiden Ankerüberstände ergebende „Ziehweg“ durfte z. B. beim 10-Mp-Anker mit einer Länge von 3 m 6 mm nicht überschreiten und bei einem 4 m langen 10-Mp-Anker nicht größer als 8 mm sein.

Wurde der zulässige Ziehweg vor Erreichen der vollen Vorspannung bereits überschritten, wurde die Krafteintragung unterbrochen und die fehlende Vorspannkraft den Nachbarankern zugewiesen. Versagte ein Anker, so wurde daneben ein Ersatzanker gesetzt. Der Anteil versagender und nicht voll vorspannfähiger Anker lag zusammen unter 8 %.

Beim Spritzbeton kam es vor allem auf die Erzielung ausreichender Frühfestigkeiten an, die vorab anhand von Probekörpern nachgewiesen wurden. Hierfür wurden im Spritzverfahren an einer senkrechten Wand Platten hergestellt, aus welchen dann Probekörper 10/10 cm entnommen wurden. Nach anfänglichen Schwierigkeiten konnten die erforderlichen Früh- und Endfestigkeiten erreicht werden. Daneben wurden auch entsprechende Bohrkerne in situ entnommen und geprüft, wobei meistens zufriedenstellende Ergebnisse zutage traten.

Im Zusammenhang mit der NATM waren bei diesen Baulosen natürlich auch umfangreiche Messungen unter tätiger Mitwirkung der Bauüberwachung durchzuführen. Hierzu zählten insbesondere Setzungsmessungen an der Oberfläche sowie Konvergenz- und Spannungsmessungen untertage.

Erwähnenswert ist schließlich noch, daß die Bauüberwachung auch die Durchführung der Beweissicherung an Gebäuden, die in der Nähe der Trasse liegen, zu überwachen hat. Erfaßt werden dabei alle Gebäude, die erfahrungsgemäß bei der Durchführung der Baumaßnahme beeinträchtigt werden könnten. Hierüber werden umfängliche Protokolle angelegt, die vom U-Bahn-Referat gegenzuzeichnen sind.

Literatur

[1] *Joas, Petruschke:* Tragfähigkeit von Bauteilen aus wasserundurchlässigem Beton. Straße, Brücke, Tunnel, Heft 6 (1971).

Joas, Petruschke: Wasserundurchlässiger Beton beim U-Bahn-Bau in München. Beton — Herstellung, Verwendung, Heft 9 und 10 (1970).

[2] Zusätzliche Technische Vorschriften des U-Bahn-Referates München für die offene Bauweise. Stand März 1977.

[3] *Dr. Hochmuth:* Die Münchner U-Bahn wächst weiter. Der Stadtverkehr, Heft 1 (1976).

Dr. Hochmuth: U-Bahn unter der Isar. Baupraxis, Heft 12 (1975).

[4] *Meldner:* Einschaliger Tunnelbau mit Stahlbetontübbings. Vortrag Betontag, 1975.

[5] *Hanke:* Die U-Bahn-Tunnel unter dem Münchner Rathaus. Der Bauingenieur, Heft 2 (1969).

[6] *Ramsauer:* U-Bahnhof unter dem Rathaus in München. Vortrag Betontag, 1969.

[7] *Joas:* Neue Konstruktionen beim U-Bahn-Bau in München. Zement und Beton, Heft 68/69 (1973).

[8] *Heilbrunner:* Bauablauf, Versuche und Meßprogramm beim Bau des U-Bahn-Loses 5.1 in München in bergmännischer Bauweise. Vortrag Stuva-Tagung, 1977.

[9] *Krischke:* Erfahrungen mit der Spritzbeton-Bauweise bzw. mit der Neuen Österreichischen Tunnelbauweise beim Münchner U-Bahn-Bau. Vortrag Stuva-Tagung, 1977.

[10] *Kovári, K., Hagedorn, H.:* Berechnungsmodelle für die Ermittlung der Deformationen und Beanspruchungen in Tunnelbauweisen. Int. Conf. on Subway Construction, Budapest, 1975.

[11] *Golser, Hackl, Jöstl:* Tunnelling in soft ground with the New Austrian Tunnelling Method (NATM). Vortrag IX. Int. Conf. in Tokio, Juli 1977.

[12] *Gebhardt:* Hydrogeologische Verhältnisse — Geotechnische Probleme und praktische Erfahrungen bei den Wasserhaltungen des Münchner U-Bahn-Baues. Brunnenbau — Bau von Wasserwerken — Rohrleitungsbau, Heft 10 (1977).

[13] Gemeinsamer Ausschuß Elektronik im Bauwesen (GAEB). Standardleistungsbuch für das Bauwesen (StLB). Beuth-Vertrieb GmbH.

[14] *Joas, Weber, Heine:* Die Sicherung von Gebäuden und sonstigen Anlagen beim Münchner U-Bahn-Bau. Die Bautechnik, Heft 2 (1971).

[15] Forschungsbericht über die Körperschall-Messungen U-Bahn München. Institut für Bau von Landverkehrswegen der TU München, Bericht Nr. 562.

Anschrift der Verfasser: Dipl.-Ing. Alfred Krischke, U-Bahn-Referat München, Dipl.-Ing. Josef Weber, U-Bahn-Referat München, Viktualienmarkt 13, D-8000 München 2, Bundesrepublik Deutschland.

Beitrag 3

Projekt Sondervorschlag U-Bahn-Linie 8/1 Los 9/18.2

Von

F. Laabmayr und **F. Pacher**

Mit 16 Abbildungen

Zusammenfassung — Summary

Projekt Sondervorschlag U-Bahn-Linie 8/1 Los 9/18.2. Dieser Beitrag berichtet über die Entstehung der Sondervorschläge für die U-Bahn-Baulose 9 und 18.2 der Linie 8/1. Er schildert vor allem die Probleme des Entwurfes der Stützmaßnahmen für die Sicherung der verschiedenen Tunnelhohlräume im Hinblick auf den erstmaligen Einsatz der NATM im Münchner U-Bahn-Bau und die besonderen geologischen Verhältnisse.

Es wird aber auch eine Zusammenfassung der wesentlichsten Grundsätze der Bauweise für den Tunnelbau in flacher Lage gegeben. Am Beispiel der beiden Baulose bringt die Darstellung zum Ausdruck, wie rasch im Verlauf der Vortriebsarbeiten aufgrund der Meßergebnisse und der frisch gewonnenen Erfahrungen eine Modifizierung der Stützmaßnahmen zur Steigerung der Wirtschaftlichkeit erfolgte, ohne die Grenzen der Sicherheit zu vernachlässigen.

Project: Special Proposal for Subway Line 8/1 Section 9/18.2. This paper deals with the special proposals for the subway sections 9 and 18.2 of line 8/1. It describes above all the problems encountered in the design of the supporting structures to protect the various tunnel tubes, in view of NATM being applied for the first time in the Munich subway and the specific geological conditions.

A summary is also given of the fundamental principles of tunnel tubes with small overburden. Using these two sections as an example, the paper shows how quickly, as work progressed, the system of supports was modified as a result of measurements taken and newlygained experience, achieving greater economic efficiency without in any way lowering the standards of safety.

1. Allgemeines

Die rege Bautätigkeit zur Errichtung von unterirdischen Verkehrsanlagen brachte es mit sich, daß ständig nach Verbesserungen der Baumethoden Ausschau gehalten wurde. Unter Verbesserung verstand man nicht nur die Verfeinerung der Technik bei der Herstellung von U-Bahn-Röhren und -Bahnhöfen, sondern auch eine Anhebung der Wirtschaftlichkeit.

Diese Entwicklung rückte schon seit längerer Zeit ein Vorhaben in greifbare Nähe, nämlich ein Münchner U-Bahn-Los bergmännisch nach der Neuen Österreichischen Tunnelbauweise (NATM) aufzufahren.

Das Baulos 9 bot eine erstmalige Chance, die verschiedenen Merkmale und Vorteile der NATM im Vergleich zu anderen Bauweisen unter Beweis zu stellen. Für die Erstauffahrung wählte man einen zweigleisig ausgebauten Abschnitt des Loses 9. In einer 60 m langen Teststrecke wurde der Vortrieb der großen „zweigleisigen" Tunnelröhren einer Bewährungsprobe unterzogen, die speziell auf die Sicherheit der tunnelbautechnischen Maßnahmen im Zusammenhang mit dem Verhalten des Gebirges ausgerichtet war, wobei man die Gebirgsbewegungen und deren Folgen obertag (Setzungen) streng kontrollierte.

Der Vortrieb einer viergleisigen Strecke mit ihren Verzweigungen, „Harfe" genannt, und den dadurch bedingten schwierigen Querschnittsänderungen erlebte im Los 18.2 seine Premiere.

Im folgenden werden die wesentlichen Probleme beim Entwurf und der Ausführung dieser Sondervorschläge erläutert. Anhand der bisher gewonnenen Erfahrungen wird versucht, Grundsätzliches über die Anwendung der NATM im Lockergestein auszusagen.

2. Beschreibung des Objektes

Die Baulose 9 und 18.2 der Linie 8/1 reihen sich unmittelbar aneinander und bilden einen Streckenabschnitt, der vom Hauptbahnhof quer durch den Stadtkern, unter der Sonnenstraße und dem Sendlinger-Tor-Platz durch bis zum Anschluß an das Los 7.1 im Bereich der Fraunhoferstraße reicht.

In ihrer Gliederung (Abb. 1) weisen die Baulose einen ständigen Wechsel von Querschnitten verschiedener Größe auf. Der gesamte Abschnitt beginnt

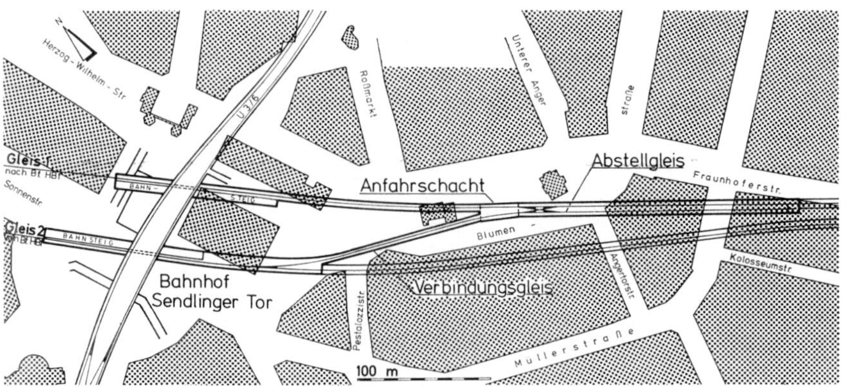

Abb. 1a. Lageplan Los 9

Layout of the location—Section 9

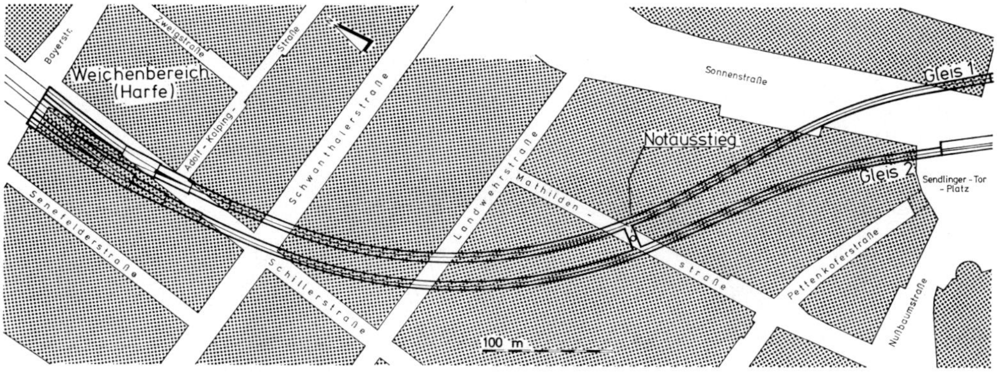

Abb. 1b. Lageplan Los 18.2
Layout of the location—Section 18.2

im Südosten an der Fraunhoferstraße mit der rund 210 m langen, zweigleisigen Tunnelröhre, welche ein Streckengleis (Gleis 1) und ein Abstellgleis enthält. Die Verbindung zwischen diesem Bereich mit Abstellgleis und den Bahnhofsröhren am Sendlinger-Tor-Platz stellen ein Verbindungstunnel und die Streckenröhre des Gleises 1 her.

Die Bahnhofsröhren des U-Bahn-Bahnhofs Sendlinger-Tor-Platz besitzen ebenso wie die Röhre mit dem Abstellgleis einen Querschnitt von rund 75 m² Ausbruchsfläche mit liegender elliptischer Form. Das Streckengleis und das Verbindungsgleis besitzen einen Querschnitt von rund 37 m² (Abb. 2). Die Bahnhofsröhren der Linie 8/1 Sendlinger-Tor-Platz kreuzen in der dritten Geschoßebene des Bahnhofs die U-Bahn-Linie 6/3, die bei Ausschreibung des Bauloses 9 bereits in Betrieb stand. Der Hauptteil des Bahnhofes war beim Bau der Linie 6/3 in offener Bauweise hergestellt worden.

Vom Sendlinger-Tor-Platz weiter verlaufen die Streckenröhren der Gleise 1 und 2 in s-förmiger Linienführung unter der Bebauung hindurch hinüber zum Hauptbahnhof und kreuzen dabei die Sonnenstraße, die Landwehrstraße, die Schwanthalerstraße und die Schillerstraße.

Unmittelbar vor dem Hauptbahnhof teilt sich jedes der Gleise in zwei weitere auf, so daß am Übergang zum Hauptbahnhof ein viergleisiger Streckenbereich, genannt Harfe, entsteht. Darüber hinaus enthalten beide Streckentunnel des Bauloses 18.2 eine Querverbindung im Bereich der Mathildenstraße, kombiniert mit einem Vertikalschacht mit rund 5 m Durchmesser als Notausstieg, eine Querverbindung im Bereich unmittelbar vor der Harfe und einen Entlüftungsschacht am Sendlinger-Tor-Platz mit zum Teil ovaler Form.

Der geschwungene Gradientenverlauf in beiden Baulosen ergibt eine Überdeckung von 8 bis 26 m.

Die Besonderheit der beiden Baulose liegt im mehrfachen Querschnittswechsel, den Gabelungen im Bereich des Verbindungsgleises, den Anschlüssen an das bestehende Bahnhofs-Bauwerk am Sendlinger-Tor-Platz samt bergmännischer Unterfangung der Verbauwände (Schlitz- und Benotowände) sowie der trompetenförmigen Querschnittserweiterung im Bereich der Harfe.

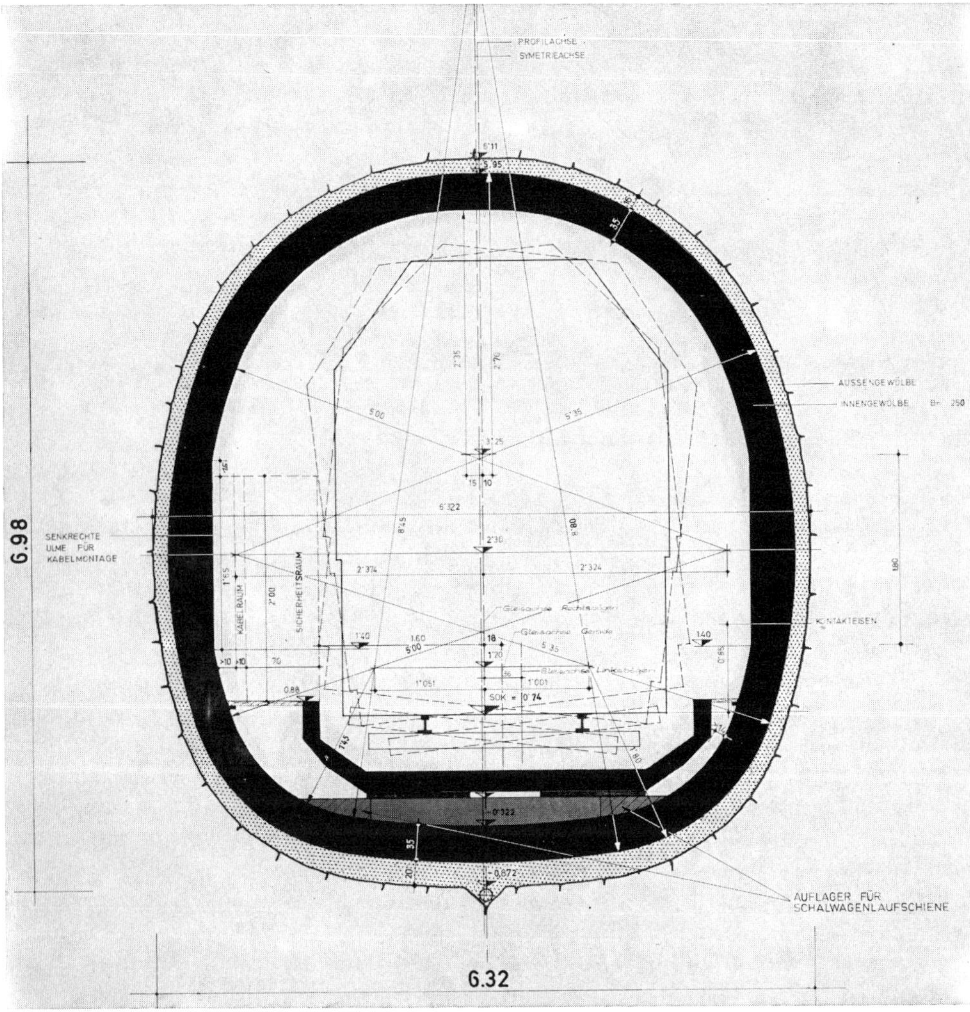

Abb. 2a. Regelquerschnitt der eingleisigen Tunnelröhren

Standard cross section of the single-track tunnel tubes

3. Geologische Verhältnisse [1, 2, 3]

Im Untergrund des Stadtgebietes von München stehen, wie die tiefsten Brunnenbohrungen bis zu 240 m zeigen, Schichten zweier geologischer Formationen an. Zuoberst liegen die Sedimente des Quartärs, darunter folgen Ablagerungen des Tertiärs. Der Wechsel von Aufschotterung und Erosion, bedingt durch die Eiszeit und Nacheiszeit, hat verschiedene Terrassen gebildet.

Abb. 2b. Regelquerschnitt der zweigleisigen Tunnelröhren

Standard cross section of the double-track tunnel tubes

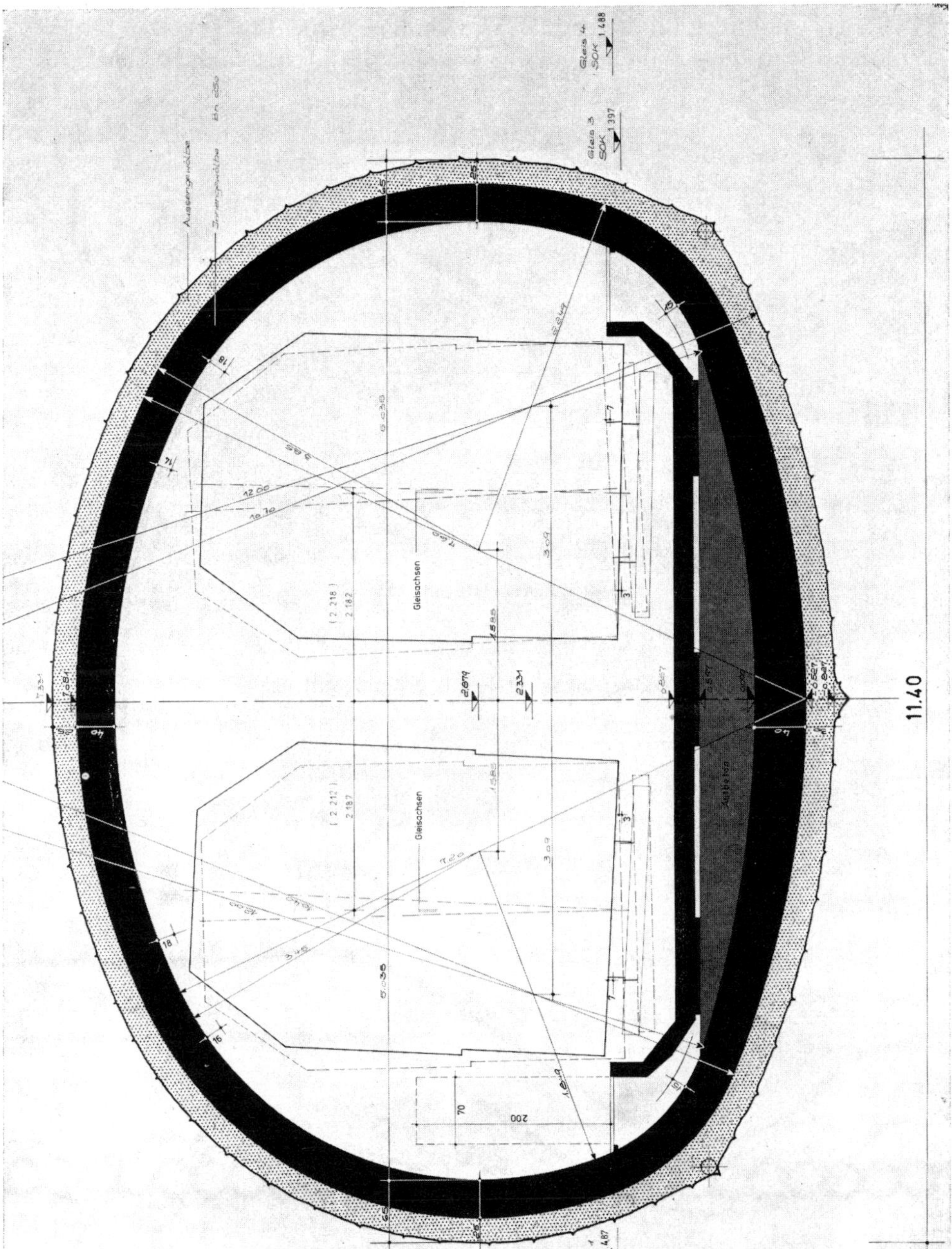
11.40
8.15
Gleisachsen
Gleisachsen

Diese Terrassenbildung wird in dem Blockbild (Abb. 3) nach Münichsdorfer (1922) [1] eindrucksvoll dargestellt. Die Baulose 9 und 18.2 liegen im Grenzbereich zwischen dem Talalluvium der Isar und der sogenannten Altstadtstufe.

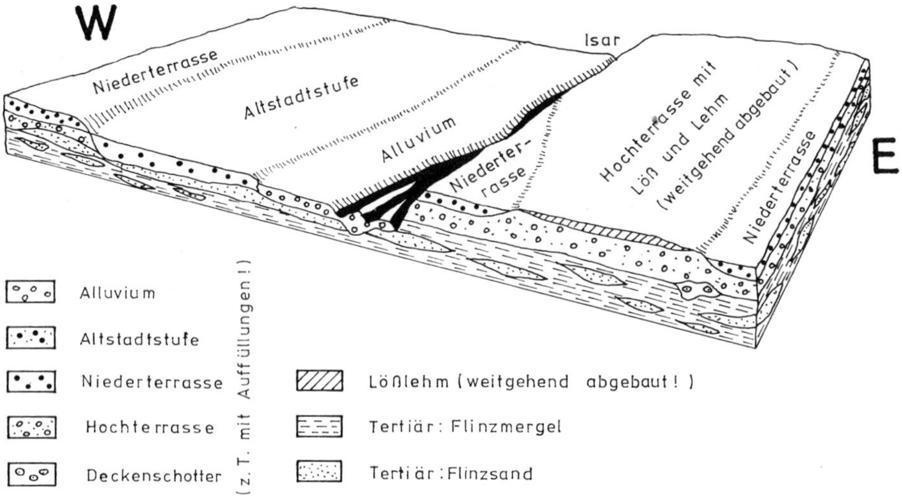

Abb. 3. Blockbild nach Münichsdorfer (1922)

Schematic diagram according to Münichsdorfer (1922)

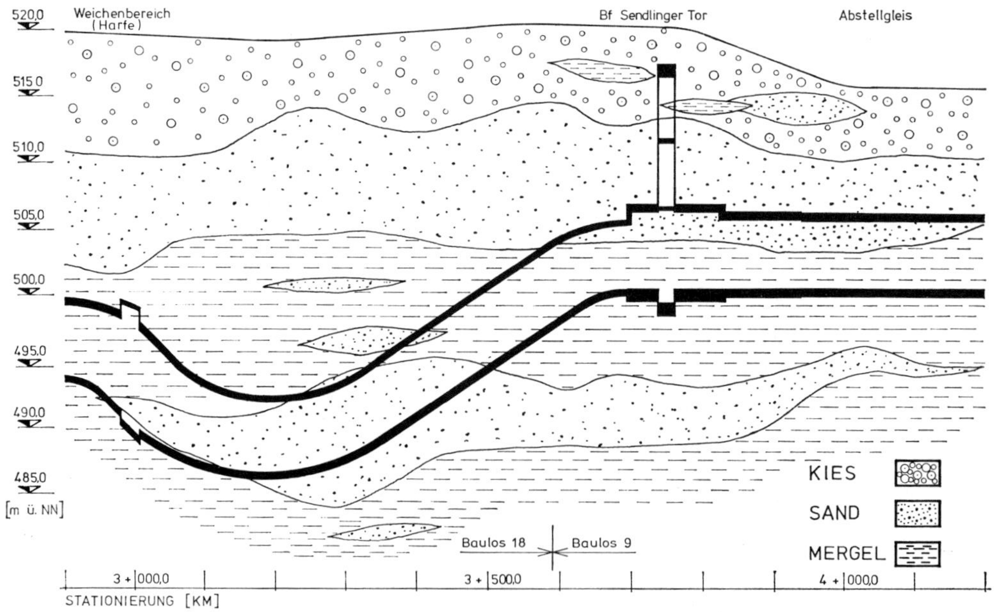

Abb. 4. Geologischer Längenschnitt Los 9/18.2

Geologic longitudinal profile—Section 9/18.2

Während der südöstliche Teil des Bauloses 9 etwa bis zum Sendlinger-Tor-Platz noch unter dem Bereich des Talalluviums der Isar verläuft, geht der Restteil ab Sendlinger-Tor-Platz unter den Schottern der sogenannten Altstadtstufe hindurch (Abb. 4).

Die nacheiszeitlichen Kalkschotter des Talalluviums der Isar waren von alten Isar-Armen und Bachbetten rinnförmig durchzogen, welche mit Sanden, Bachschlicklagen und Schutt aufgefüllt sind. Die Mächtigkeit der quartären Schotter beträgt in der Regel im Bereich des Bauloses 9 4—6 m, im Bereich des Bauloses 18.2 6—8 m.

Aufgrund ihrer Tiefenlage verliefen die Vortriebe ausschließlich in tertiären Böden, die quartären Kiese sind lediglich für das Abteufen des Anfahrschachtes und der übrigen Schächte von Bedeutung. Eine Ausnahme davon macht das Abstellgleis, wo im Kalottenbereich mit Kies gefüllte Rinnen durchörtert werden mußten.

Unter den quartären Schichten stehen jungtertiäre Ablagerungen an, die wegen ihres augenfälligen Glimmergehaltes schon seit alters her als „Flinz" bezeichnet werden. Nach ihrer vorherrschenden Ausbildung unterscheidet man zwischen Flinzsand und Flinzmergel. Der Münchner Flinz gehört geologisch zu den Schichten der oberen Süßwassermolasse und damit zu den limnofluviatilen Aufschüttungen des Jungtertiärs. Die örtlich wechselhaften und unterschiedlichen Transport-, Ablagerungs- und Umlagerungsbedingungen während der Tertiärzeit erklären den raschen vertikalen und horizontalen Fazieswechsel im tertiären Untergrund. Bei den Flinzsanden handelt es sich um fein- bis mittelkörnige, sehr dicht gelagerte glimmerhaltige, feldspatführende Quarzsande mit meist ausgeprägten Schräg-, Kreuz- oder Horizontalschichtungen und unterschiedlichen Schlemmkorngehalten. Die Flinzmergel sind in der Regel als zähe, harte bis sehr harte Tone, Ton bis Kalkmergel ausgebildet und weisen unterschiedliche tonmineralogische Zusammensetzungen, unterschiedliche Kalkgehalte und unterschiedliche Verfestigungsgrade auf. Zylinderdruckfestigkeiten liegen zwischen 0,6 bis 150 kp/cm². Der Korngröße nach handelt es sich um Schluffe, ihren Bildsamkeitsgrenzen nach überwiegend um anorganische Tone geringerer, mittlerer bis hoher Plastizität, und um Schluffe geringerer, mittlerer bis hoher Verdichtbarkeit.

4. Grundsätzliche Überlegungen zur Bauweise bzw. zur Auslegung der Stützmaßnahmen

Der Einsatz der Neuen Österreichischen Tunnelbauweise (NATM) in zahlreichen Städten Deutschlands begünstigte ihre Weiterentwicklung und Anpassung speziell für den U-Bahn-Bau in rasendem Tempo, wobei die Zunahme an Vortriebserfahrung und die zahlreichen bei den Vortriebsarbeiten gewonnenen Meßergebnisse eine entscheidende Rolle spielten. Der Wunsch nach Optimierung in technischer und wirtschaftlicher Hinsicht bei gleichzeitiger Erhaltung einer ausreichenden Standsicherheit machte sich in der Bemessung und Gestaltung der erforderlichen Stützmaßnahmen besonders bemerkbar.

Die NATM steht im U-Bahn- und Verkehrs-Tunnelbau bisher als Zweischalen-Bauweise in Anwendung. Die äußere Schale, Außenring oder Außengewölbe genannt, sichert den Tunnelhohlraum ab dem Zeitpunkt des Ausbruches und schafft im wesentlichen dauerndes Gleichgewicht.

Die innere Schale, Innenring oder Innengewölbe genannt, erhöht die Standsicherheit des Hohlraumes weit über das Gleichgewicht hinaus und bildet den wasserdichten Ausbau, sofern nicht zwischen beiden Schalen eine eigene Isolierung die Abdichtung übernimmt.

4.1. Grundsätze

Für den Entwurf der Stützmaßnahmen der Baulose 9 und 18.2 waren die folgenden, wesentlichen Grundsätze der NATM maßgebend:

1. Beim Öffnen eines Hohlraumes handelt es sich im wesentlichen um einen Entspannungsvorgang und nicht um einen Belastungsvorgang. Damit gekoppelt ist
2. eine Spannungsumlagerung, welche notwendigerweise mit einer Verformung der Hohlraumumgebung verbunden ist, denn ohne Verformung gibt es keine Spannungsänderung.
3. Der Ausbau (Außenring) ist so gestaltet, daß als Bruchkriterium der sogenannte Scherbruch [4, 5] und nicht der Biegbruch auftritt. Das bedeutet satten Anschluß an die frischen Ausbruchsleibungen, elastisches Verformungsverhalten des Außenringes, der je nach Erfordernis sofort oder in Etappen auf seinen vollen Ausbauwiderstand gebracht werden kann.
4. Nutzung der Tragfähigkeit der Hohlraumumgebung, welche durch die Festigkeit des Gebirges vorgegeben ist oder durch die Schaffung eines Gebirgstragringes erreicht wird. Der sogenannte Gebirgstragring läßt sich durch eine den geomechanischen Verhältnissen entsprechende Systemankerung im Verbund mit der Spritzbetonschale erzielen.
5. Nutzung der räumlichen Tragwirkung beim Vortrieb unmittelbar an der Ortsbrust.
6. Beachtung der freien Standzeit.
7. Vermeidung von schädlichen Auflockerungen beim Vortrieb.

4.2. Ausbauwiderstand

Das Öffnen eines Hohlraumes im unverritzten Gebirge bewirkt eine Änderung des primären Spannungszustandes in der Hohlraumumgebung. Um dauerndes Gleichgewicht herbeizuführen, muß ein ganz bestimmter Ausbauwiderstand geschaffen werden, sofern nicht durch die vorhandene Gebirgsfestigkeit (einachsige Gebirgsdruckfestigkeit) die Standsicherheit des Hohlraumes auf natürliche Weise erhalten bleibt [7].

In der Praxis wird durch die Wahl einer spannungsgerechten Stützung der Hohlraumbegrenzung (Stützmaßnahmen) dauerndes Gleichgewicht herbeigeführt.

Der Zeitraum, in dem sich dieses Gleichgewicht einstellt, kann durch die Art, den Umfang und die zeitliche Einbaufolge der Stützmaßnahmen in einem beschränkten Ausmaß beeinflußt werden, wobei der primäre Spannungszustand und die geomechanischen Eigenschaften des Gebirges die entscheidende Rolle spielen.

Eine Begrenzung der Steuerungsmöglichkeiten bringen vielfach der gewählte, betriebliche Ablauf der Ausbruchs- und Sicherungsarbeiten (Ausbruch in mehreren Stufen, lange, voreilende Kalotte) und wirtschaftliche Aspekte.

Im U-Bahn-Bau ist mit Rücksicht auf möglichst geringe Oberflächensetzungen dem unmittelbaren Sohlschluß und dem raschen Einbau der gewählten Stützung der Vorzug zu geben.

Für die Schaffung des nötigen Ausbauwiderstandes stehen im wesentlichen folgende Stützmittel zur Verfügung:

- Spritzbeton mit oder ohne Bewehrung
- Ankerung
- Tunnelbögen
- Dielen
- Spieße

Darüber hinaus kann in Sonderfällen durch den Einsatz von Vorausinjektionen oder Vereisung der Hohlraumumgebung die Tragfähigkeit des Gebirges so weit gehoben werden, daß der nötige Ausbauwiderstand mit den hier angeführten Mitteln erreicht wird. Der Einsatz von Dielen und Spießen ist meist nur in rolligem bzw. bröckeligem Gebirge erforderlich.

Der Einsatz der Stützmaßnahmen muß so rechtzeitig beginnen, daß unter keinen Umständen schädliche Auflockerungen entstehen. Dabei kommt es auf die Erfahrung und das Feingefühl der verantwortlichen Ingenieure und Bauführer an, den Zeitpunkt, zu dem der volle Ausbauwiderstand erreicht werden soll, geschickt zu wählen. Sie können sich dabei unter anderem sehr wesentlich auf die laufenden, meßtechnischen Ergebnisse stützen.

5. Auslegung der Stützmaßnahmen für Los 9/18.2

Bei der Wahl der Stützmaßnahmen für die Lose 9 und 18.2 waren die Gesichtspunkte des erstmaligen Einsatzes eines zweigleisigen Querschnittes mit dieser Bauweise im Münchner Untergrund von ausschlaggebender Bedeutung. Vor allem die maßgebende Forderung nach möglichst geringen Setzungen führte zu einer massiven Ankerung der gesamten Hohlraumbegrenzung (Systemankerung), wobei Ankerlängen bis zu 5 m Länge ausgewählt wurden. Ihre Anordnung erfolgte in der Kalotte räumlich gesehen nicht streng radial, sondern unter 60° schräg nach vorne geneigt, um eine Art Vorkonsolidierung der Hohlraumumgebung vor Ort zu erreichen.

Im einzelnen wurden für die verschiedenen Querschnitte der beiden Baulose eine unterschiedliche Vortriebsweise und Ausstattung der Stützmaßnahmen gewählt.

5.1. Eingleisige Tunnelröhren

Die Stützmaßnahmen für die eingleisigen Streckenröhren mit einem Querschnitt von rund 37 m² enthielten ursprünglich eine System-Ankerung mit

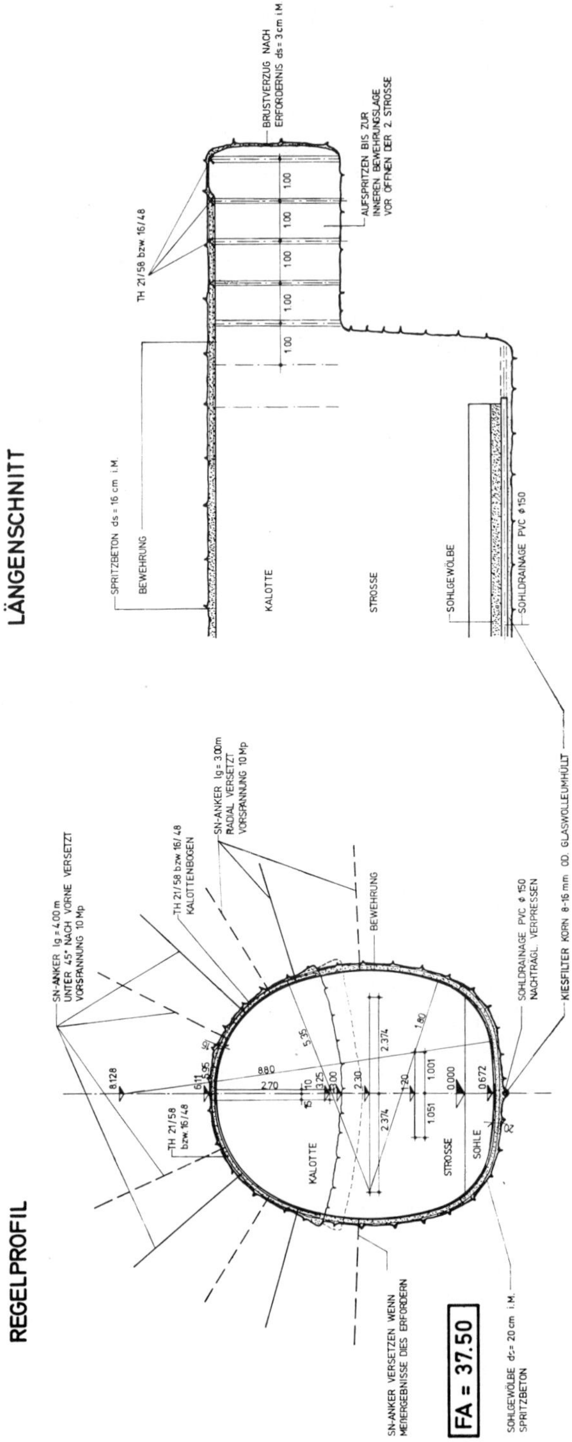

Abb. 5. Stützmaßnahmen und Vortrieb der eingleisigen Tunnelröhren

Structures for the support and advance of the single-track tubes

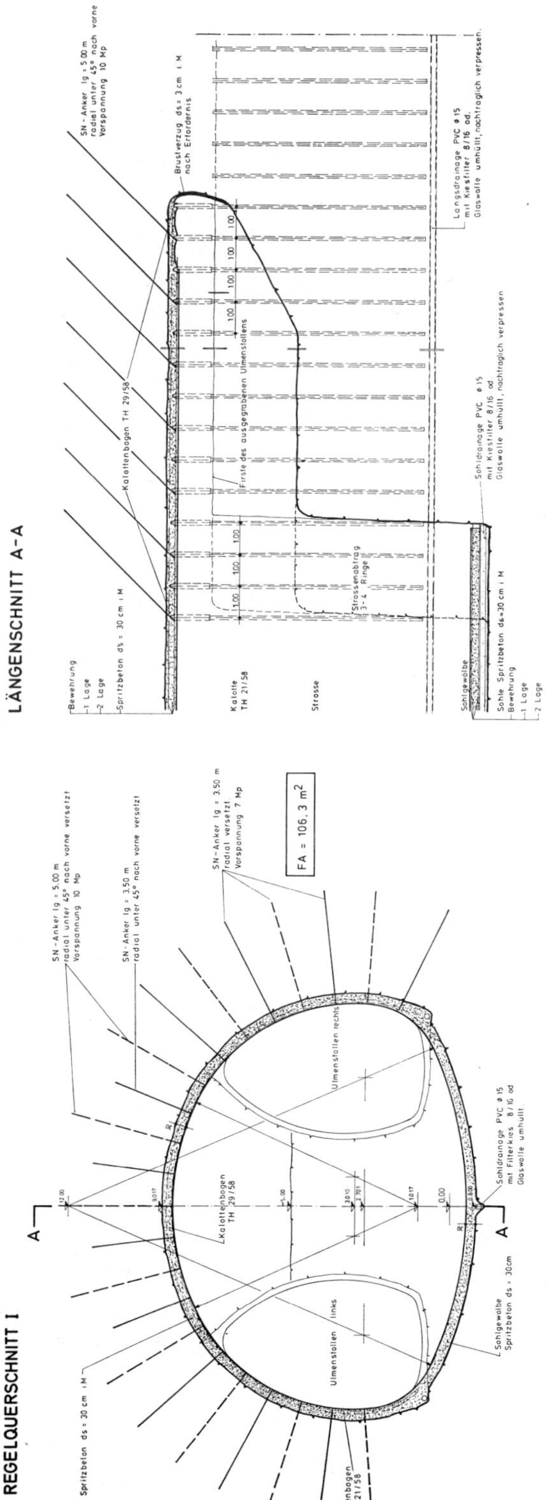

Abb. 6. Stützmaßnahmen und Vortrieb der zweigleisigen Tunnelröhren

Structures for the support and advance of the double-track tubes

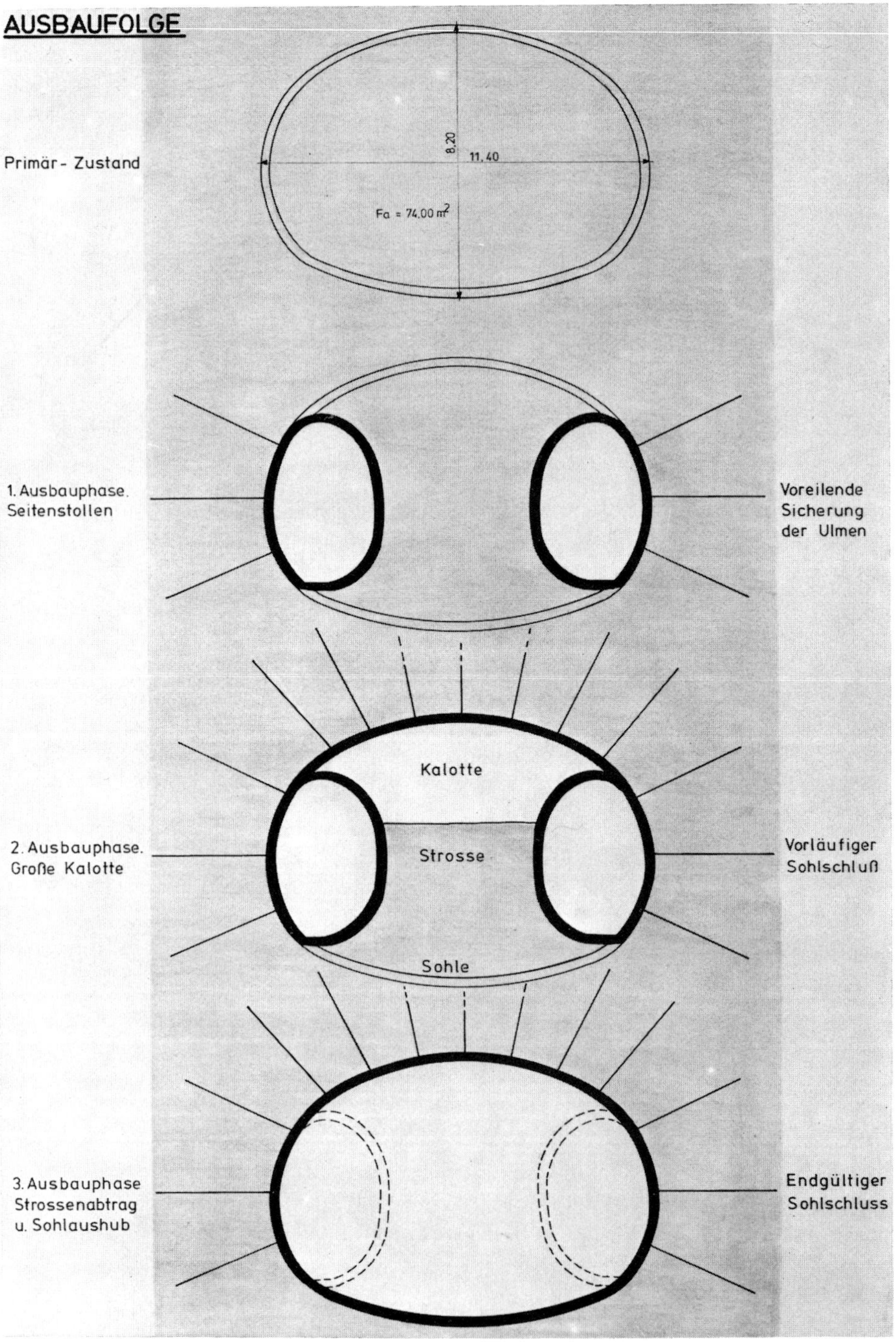

Abb. 7. Ausbaufolge der zweigleisigen Tunnelröhre
Progress of lining of the double-track tubes

3,50 m langen SN-Ankern, 20 cm zweilagig bewehrtem Spritzbeton und TH 21 Tunnelbögen in Kalotte und Ulmen. Das Innengewölbe besteht aus Stahlbeton Bn 250 in wasserundurchlässiger Ausführung mit 35 cm Stärke.

Entsprechend der Größe des Hohlraumes und der stehenden Form (Hufeisenform) erfolgte der Vortrieb im sogenannten Kalottenvortrieb mit raschem Sohlschluß. Der betriebliche Ablauf des Vortriebes ist so gestaltet, daß nach sechs Ringen mit 1 m Ringbreite der Sohlschluß eintritt. Dem sehr raschen Sohlschluß liegt das Bestreben zugrunde, im Gegensatz zum Gebirgstunnelbau die Umlagerungsverformungen rasch zu dämpfen und einen sekundären Spannungszustand zu erreichen, der geringe Setzungen an der Oberfläche und keine schädliche Auflockerung in der Hohlraumgebung zur Folge hat.

5.2. Zweigleisige Tunnelröhren

Durch die Verdoppelung des eingleisigen Streckenquerschnittes entstand ein Querschnitt der nächsten Größenordnung für die Aufnahme eines Abstellgleises unter dem Marionetten-Theater und der Bahnhöfe im Bereich des Sendlinger-Tor-Platzes.

Bedingt durch die nebeneinanderliegenden Gleise ergab sich ein liegender, elliptischer Querschnitt mit einer Außenspannweite von rund 11,50 m und einer Höhe von 7,50 m.

Die zunächst gewählten Stützmaßnahmen bestanden aus einer System-Ankerung über Kalotte und Ulmen mit Ankern bis zu 5 m Länge, einer zweilagig bewehrten Spritzbetonschale von 25 cm Stärke und Tunnelbögen des Kalibers TH 29 in der Kalotte bzw. TH 21 in den Ulmen bei 1 m Ringbreite.

Mit Bedacht auf die Begrenzung der Oberflächensetzung, die liegende Form und die Größenordnung des Querschnittes sah der Entwurf einen Ausbau in Teilquerschnitten vor. Es wurde folgender Ablauf gewählt (Abb. 7):

1. Ausbauphase: Parallelvortrieb der Seitenstollen mit Ankerung der endgültigen Ulmen.
2. Ausbauphase: Vortrieb und Sicherung der großen Kalotte.
3. Ausbauphase: Abtrag der Strosse samt den Innenulmen der Seitenstollen, gleichzeitiger Aushub und Einbau der Sohle.

Die voreilenden Ulmenstollen wirken wie vorauseilende, fixe Auflager für die Kalotte, der zwischen den Ulmenstollen verbleibende Gebirgskern der Strosse erzeugt einen temporären Sohlschluß. Beim Abtrag der Strosse und dem Aushub der Sohle über mehrere Ringe wirken die Ulmenstollen gewissermaßen wie Träger, welche die sohloffene Stelle überbrücken.

Neben der sehr sicheren Art, Auflager für die Kalotte zu schaffen, besitzen die Ulmenstollen die angenehme Nebenwirkung, als voreilende Dränagen zu wirken, was sich für den Vortrieb der Kalotte als dem schwierigsten Teil sehr positiv auswirkte. Die Ulmenstollen bringen zusätzlich eine Vorerkundung der geologischen Verhältnisse.

Abb. 8 und 9 zeigen den Zwischenbauzustand gemäß Ausbauphase 2 und den Endzustand gemäß Ausbauphase 3 bei der Herstellung des Außenringes.

Abb. 8. Außenring-Zwischenbauzustand gemäß Phase 2
Outer ring-intermediate state in conformity with stage 2

Abb. 9. Außenring-Endzustand gemäß Phase 3
Outer ring-final state in conformity with stage 3

5.3. Trompetenabschnitt Los 9, Anschlußquerschnitt

Bedingt durch die Gleisverzweigungen und die Anschlüsse an die Bahnhöfe in den beiden Baulosen war eine Variation der beiden Grundquerschnitte erforderlich. Die Querschnittsvarianten besitzen im wesentlichen immer wieder die gleiche Vortriebsweise wie die Ausgangsquerschnitte und deren Stützmaßnahmen.

Im Anschlußbereich des Verbindungsgleises an das Gleis 2 Bahnhof Sendlinger-Tor-Platz und das Baulos 7.1 (Abb. 10) ergab sich wegen der Gleisgeometrie ein etwa 10 m langer Trompetenabschnitt, in dem der Bahnhofsquerschnitt (75 m²) mit 11,5 m Spannweite auf einen Querschnitt (104 m²) mit 13,50 m Spannweite erweitert werden mußte.

Abb. 10. Trompetenabschnitt Los 9
Trumpet stretch—Section 9

Abb. 11. Anschlußquerschnitt Bahnhof Sendlinger Tor
Cross section of junction at Sendlinger Tor station

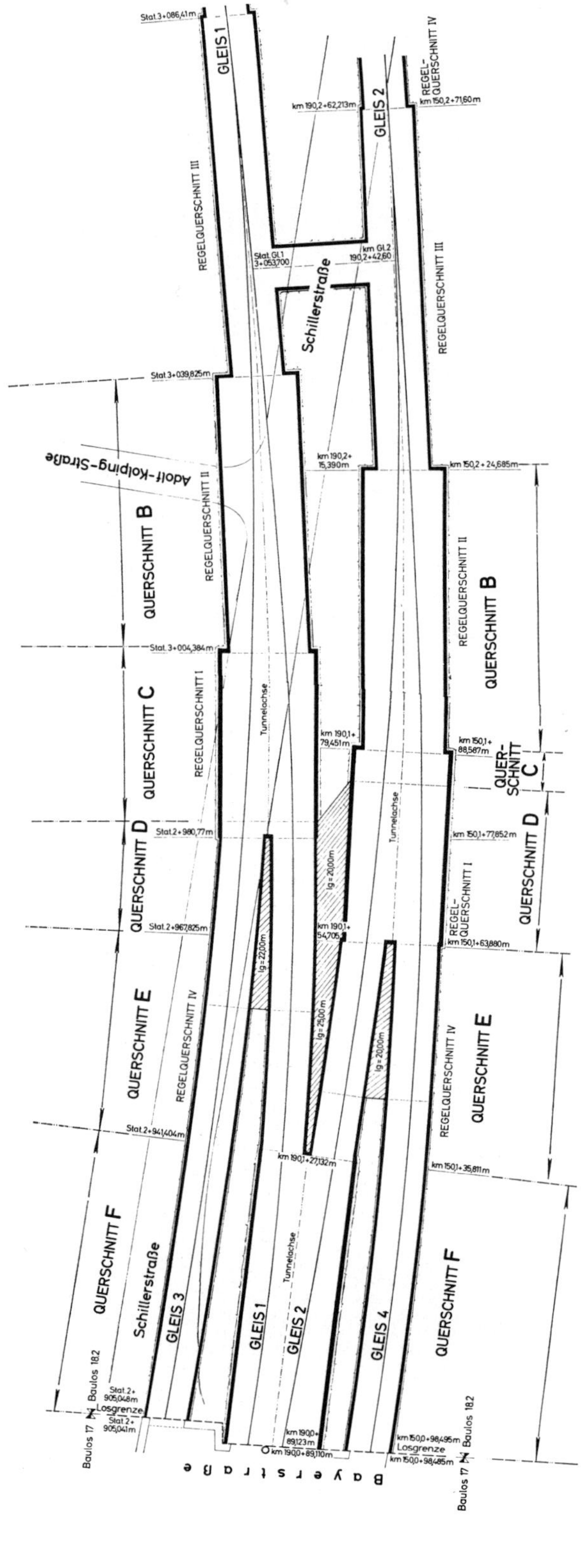

Abb. 12*. Lageplan viergleisiger Weichenabschnitt, Harfe

Location plan, 4-track switch section, diverging siding junction

* Anmerkung: RQ I bis IV Regelquerschnitte (standard cross sections)
B bis F Rechenquerschnitte (cross sections for computation)

In der einseitig konischen Form der Trompete kommt die Anpassungsfähigkeit der Bauweise an unterschiedlichste Gegebenheiten und Formen gut zum Ausdruck. Mit einem vollmechanisierten Vortrieb wäre die Erstellung eines derartigen Röhrenabschnittes unmöglich bzw. nur auf sehr umständliche und unwirtschaftliche Weise möglich.

Eine weitere Variation des großen Querschnittes (Abb. 11) brachte der Anschluß an den bestehenden Bahnhof Sendlinger Tor der Linie 6/3. Hier mußte der Bahnhofsquerschnitt von rund 75 m² Ausbruchsfläche auf rund 150 m² Ausbruchsfläche gebracht werden. Die dadurch entstehenden Hohlräume dienten der Unterfangung der Schlitzwände des bestehenden Bahnhofs. Im Bahnhofsbereich Sendlinger-Tor-Platz selbst unterfuhr der Vortrieb der Bahnhofsröhre Gleis 1 das Fußgängergeschoß mit einem Abstand von nur 80 cm ohne Schaden für das bestehende Bauwerk.

5.4. Viergleisiger Weichenabschnitt „Harfe“

Zu einer sehr rasch wechselnden Variation der Querschnitte (Abb. 12) kam es im Entwurf für den viergleisigen Weichenabschnitt, der sogenannten „Harfe“, dem Anschlußstück an das Los 17 am Hauptbahnhof. Infolge der Gleisgeometrie vergrößern sich die eingleisigen Streckenquerschnitte teleskopisch auf die Größtquerschnitte der Harfe mit je 106 m² Querschnitt.

In Streckenabschnitten von rund 30 bis 40 m Länge erweiterte sich der Regelquerschnitt RQ IV der eingleisigen Strecke mit 37 m² auf einen erweiterten, eingleisigen Querschnitt RQ III mit 46 m², von da weiter auf eine Querschnittsgröße der Bahnhofsröhren im Los 9 RQ II mit 75 m², und dieser Querschnitt wurde nochmals erweitert auf den Größtquerschnitt in der Harfe RQ I mit rund 106 m² Querschnittsfläche und einer Spannweite von rund 13,5 m.

Für den Vortrieb des erweiterten eingleisigen Querschnittes wurde der Kalottenvortrieb beibehalten, für die großen Querschnitte die unterteilte Vortriebsweise der Bahnhofsquerschnitte.

Die Verzweigungen der Harfe brachten die Ausbildung mehrerer Pfeiler mit sich, welche für die Bewältigung des Vortriebes eine Reihe von Problemen schuf. Drei Pfeiler beginnen bzw. enden jeweils im freien Raum der anschließenden Röhre nach RQ I (siehe Abb. 12 und 14). Der mittlere Pfeiler beispielsweise verjüngt sich von rund 2,5 m Stärke auf 30 cm. Da es sich beim Auffahren der Harfe ebenfalls um die erstmalige Verwirklichung nach der NATM handelte, mußten die Konstruktion und die Vortriebsfolge besonders behutsam aufeinander abgestimmt werden.

Für die drei keilförmigen Pfeiler wurde daher im Austauschverfahren der Erdstock durch Ortbeton über voreilende Betonierstollen ersetzt.

Eine strenge Baufolge legte den zeitlichen Ablauf nach rein statischen Erfordernissen fest, was bereichsweise einen synchronen bzw. asynchronen Vortrieb benachbarter Hohlräume zur Bedingung machte.

Nach dem Öffnen und Sichern der Tunnel nach RQ III und Verbinden der beiden Röhren durch einen betrieblich bedingten Querschlag wurde vorerst mit dem Vortrieb der Ulmenstollen für den Regelquerschnitt RQ II und RQ I be-

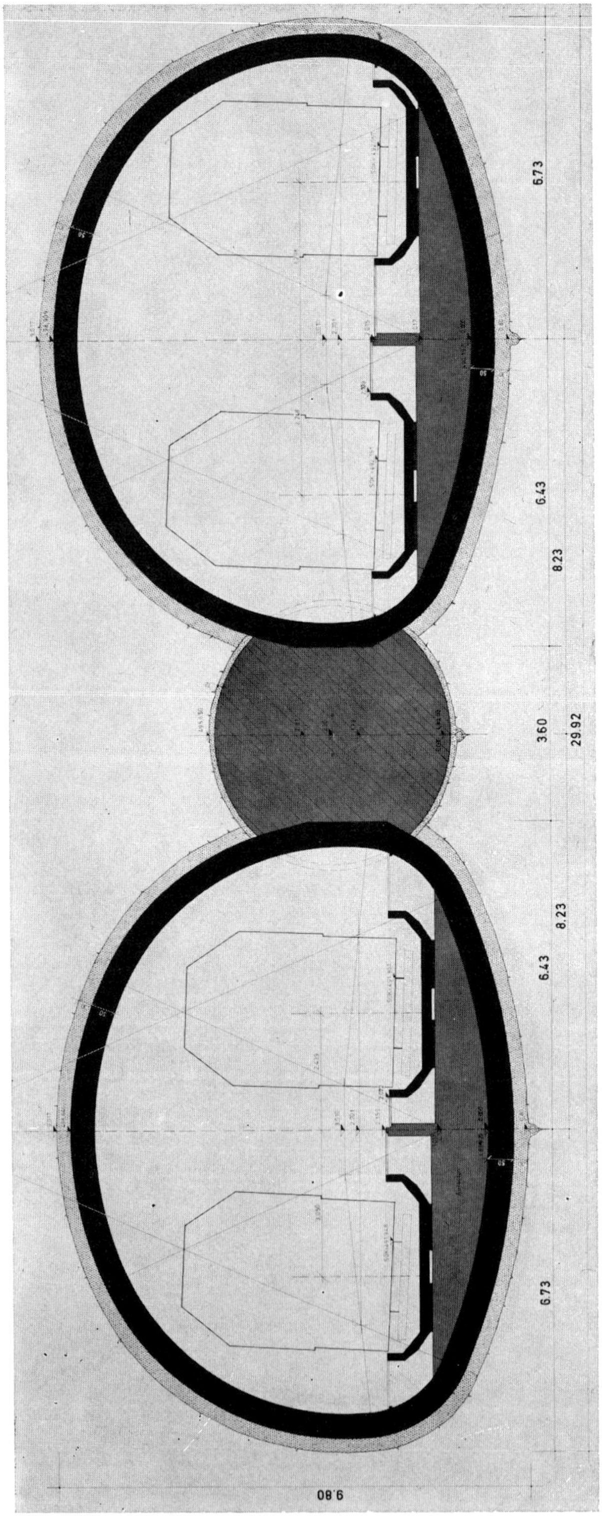

Abb. 13a. Schnitt C—C
Sectional elevation C—C

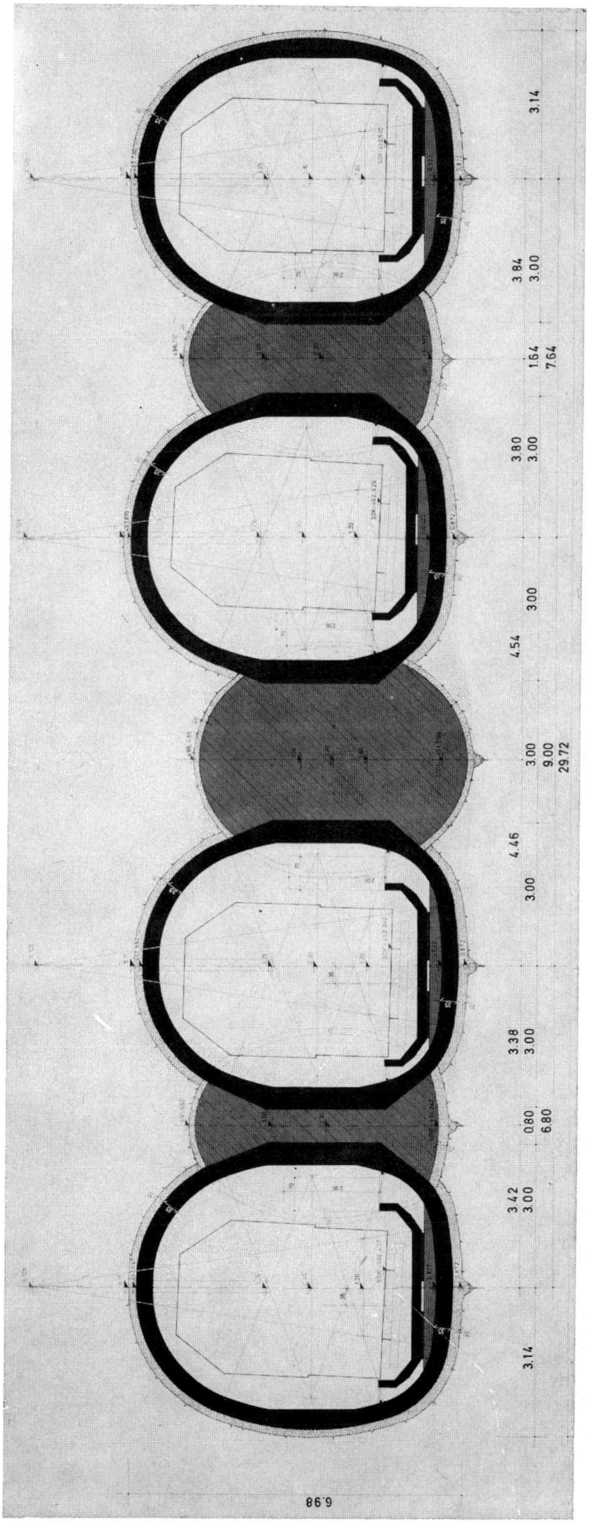

Abb. 13b. Schnitt E—E
Sectional elevation E—E

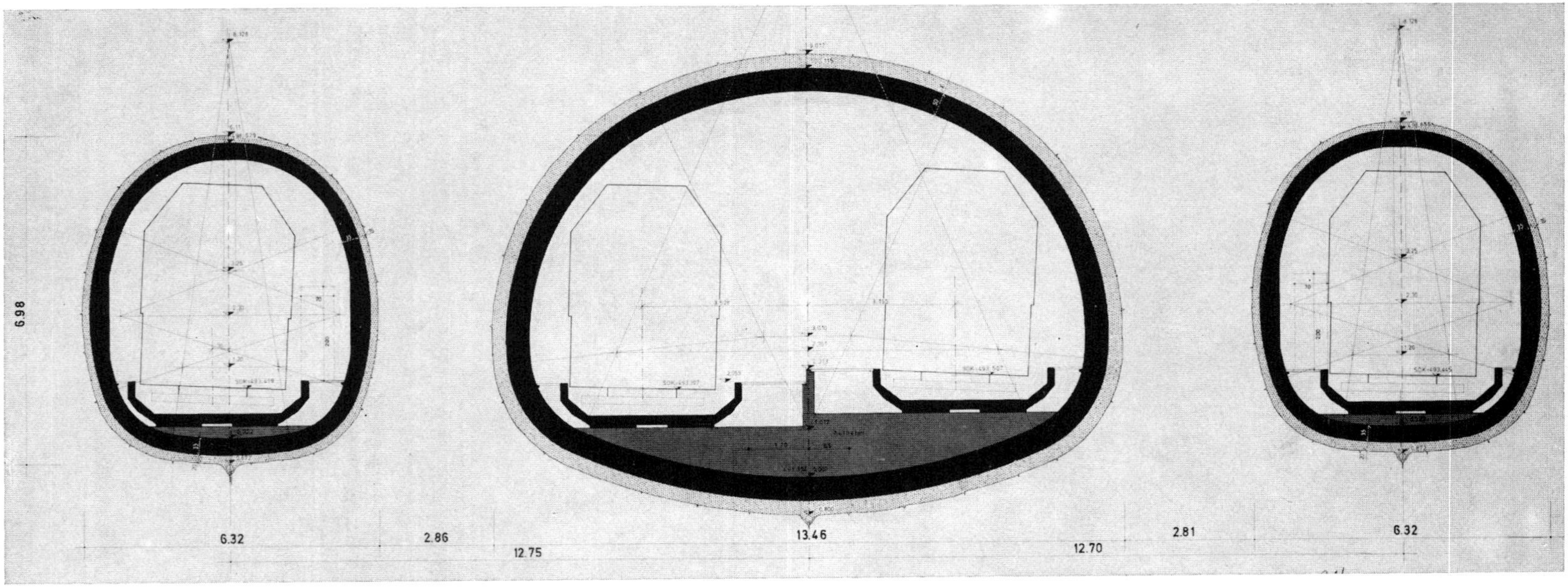

Abb. 13c. Schnitt F—F
Sectional elevation F—F

gonnen, über die dann anschließend die Betonierstollen (Abb. 15) auszubrechen waren. Da diese Betonierstollen und die betonierten Pfeiler eine gewisse Schlüsselposition für den gesamten Vortriebsablauf der Harfe besaßen, trachtete man danach, sich möglichst rasch an diese Pfeilerbereiche heranzuarbeiten.

Nach der Fertigstellung des Mittel- und der Seitenpfeiler setzte sich der Vortrieb mit dem Auffahren der restlichen Abschnitte der Ulmenstollen und der äußeren Streckenröhren bis an die Baulosgrenze fort. In weiterer Folge wurden die Arbeiten für die Querschnitte RQ II und I sowohl des Trompetenbereiches als auch des dreiteiligen Abschnittes nachgezogen, nachdem zwischenzeitlich die inneren, eingleisigen Streckenröhren des vierteiligen Abschnittes plangemäß vorgetrieben worden waren.

6. Auswirkung der Bauerfahrung auf die Entwicklung der NATM

Mit dem stetigen Anwachsen der verschiedenen Tunnelstrecken vermehrte sich ständig der Umfang an Vortriebserfahrung und Meßdaten, aber auch an Berechnungserfahrung. Dies führte laufend zur Verbesserung und Weiterentwicklung der Stützmaßnahmen, der Berechnungsmethode und der Arbeitsweise.

Im Gegensatz zu den Anfängen, wo noch, abgesehen von wesentlich größe-

Abb. 14. Blick auf Schmalstelle des Mittelpfeilers, 30 cm Stärke

View of the narrow part of the centre pier, 30 cm thick

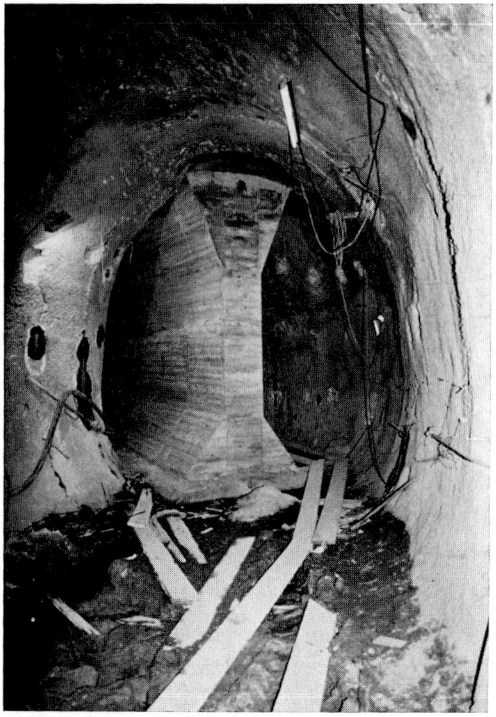

Abb. 15. Betonierstollen, Ausschalen des mittleren Pfeilers
Concreting gallery—stripping of the centre pier formwork

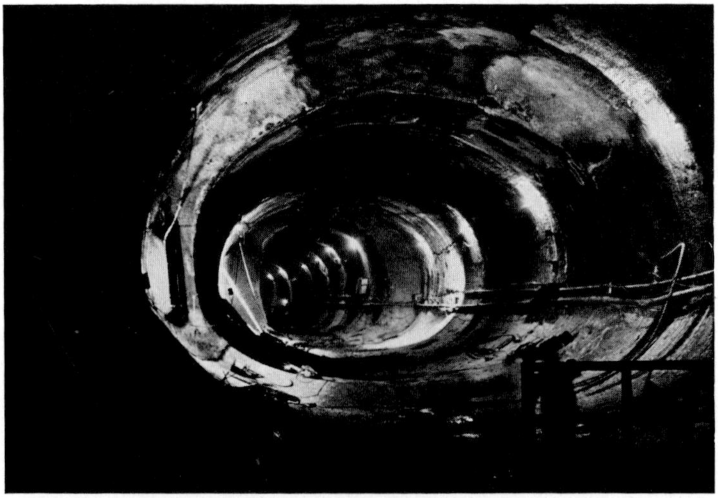

Abb. 16. Fertiggestellter Abschnitt der Harfe Gleis 2 und 4 RQ I—IV
Finished stretch with diverging siding junction tracks 2 and 4 RQ I—IV

ren Spritzbetondicken und zu Ringen geschlossenen Tunnelbögen, die Stützmaßnahmen eine massive Ankerung aufweisen, hält der momentane Stand der Entwicklung bei einer Ausbruchssicherung mit Spritzbeton und Baustahlgitter unterstützt durch Tunnelbögen in der Kalotte und lokaler Ankerung je nach Bedarf. Dieser Stand der Bauausführung nähert sich allmählich der schon bisher praktizierten Art der Standsicherheitsnachweise und der Bemessung der Außenschale.

In allen Berechnungen, sei es nach der Methode der Finiten-Elemente oder nach der Methode des elastisch gebetteten Stabpolygons, bezogen sich die Nachweise immer nur auf den Spritzbeton-Außenring ohne Berücksichtigung von Tunnelbögen und Anker. In mehreren Berechnungsmethoden wurde zwar versucht, die Wirkung der Anker zu erfassen, das Bemühen führte aber noch zu keinen durchschlagenden Ergebnissen. Alle Berechnungen dieser Art brachten immer nur eine geringe Abminderung der Schnittkräfte. Ob der errechnete geringfügige Einfluß der Ankerung mit dem auch meßtechnisch und praktisch beobachteten, geringen Einfluß identisch ist, läßt sich nicht konkret beantworten.

Dies bedeutet jedoch keinesfalls eine Abwertung der anerkannten Leistungsfähigkeit der Anker im allgemeinen. Sie liegt vorwiegend in der Schaffung eines Gebirgstragringes dort, wo er unerläßlich ist, in der Zügelung der Entspannungsdeformationen in den Hohlraum respektive in der Sicherung einzelner Zwischenbaustadien.

Im städtischen Tunnelbau konnte in jüngster Zeit vor allem für die eingleisigen Tunnelröhren die Ankerung als Stützmaßnahme weitgehend wegfallen, wodurch im Sinne der Bauweise nicht mehr von der Schaffung eines Gebirgstragringes gesprochen werden kann, sondern nur mehr auf die natürliche, mittragende Wirkung des Gebirges geachtet werden darf. Der Einsatz und die Wirkung der System-Ankerung bleibt somit im wesentlichen dem Felshohlraumbau vorbehalten.

Auch im Falle der großen zweigleisigen Tunnelröhren mußte stellenweise auf die Ankerung der großen Kalotte verzichtet werden, da der Vortrieb mit nur geringer Mergelüberdeckung (70 cm) das erste Grundwasserstockwerk unterfuhr, den quartären Kies streifte, bzw. die Hausfundamente zu nahe an die Kalotte heranrückten (3,5 bis 4,0 m). Auch hier wurden, wie die Meßergebnisse zeigen, gute Erfahrungen gemacht.

Im Zuge der Anpassung an die Meßergebnisse und die gemachten Erfahrungen konnte auch die Anzahl der Tunnelbögen reduziert werden. Es entfielen die Ulmenteile der Bögen, und man beschränkte sich auf Kalottenbögen geringeren Kalibers, wobei der Kalottenfuß geankert wurde.

Schon von Anfang an bestand die Aufgabe der Bögen mehr darin, die Verteilung der Ankerkräfte zu ermöglichen und im unmittelbaren Vortriebsbereich bei der Montage der Baustahlgitter, beim Versetzen etwaiger Spieße stützend zu dienen. Darüber hinaus wirkt er als Lehre für eine möglichst maßgerechte und ebenflächige Innenleibung des Spritzbetons. In Abhängigkeit von der Art des Gefüges bzw. vom Zustand des frisch ausgebrochenen Hohlraumes erfüllt er auch als Kopfschutz für die Mannschaft seinen Zweck. Diese Argumente erklären auch den Wegfall des Sohlbogenteiles.

Zur Erläuterung dieser Einsparungen darf angeführt werden, daß ein Tunnelbogen im statischen Sinne eigentlich erst dann zur Wirkung kommt, wenn er satt am Gebirge anliegt. Dies wird am besten durch ein sattes Einspritzen des Bogens erzielt. Mit zunehmender Aushärtung des Spritzbetons kann schließlich auch die Tragfähigkeit des Stahlbogens in Anspruch genommen werden. Hat aber der Spritzbeton eine gewisse Festigkeit (20 bis 30 kg/cm^2 Druckfestigkeit) erreicht, ist er selbst imstande, die stützende Funktion des Hohlraumes zu übernehmen. Für letzteres reicht in den meisten Fällen die Standzeit bzw. die räumliche Tragwirkung des Gebirges voll aus, da der Spritzbeton nach fünf bis sechs Stunden diese Festigkeit erreicht. Die Tunnelbögen bleiben auch in den Berechnungen unberücksichtigt, weil ihr Verbund mit dem Spritzbeton nicht einwandfrei ohne umfangreiche Zusatzmaßnahmen durchgehend gegeben ist. Im Bruchzustand werden erfahrungsgemäß zuerst die Tunnelbögen aus dem Verbund gedrückt. Die Weiterentwicklung der Bauweise brachte auch eine Reduktion der Spritzbetonstärken bei den eingleisigen Tunnelröhren von ursprünglich 20 cm auf 16 cm mit einlagiger Bewehrung.

Zum Schluß erhebt sich die Frage, inwieweit diese Entwicklung allgemeingültig ist oder nur auf geologisch ähnliche Bereiche beschränkt bleiben muß. Nach dem Stand der Dinge darf gesagt werden, daß, von Ausnahmen abgesehen, diese Entwicklung für flachliegende Tunnelbauten allgemeine Gültigkeit besitzt, zumal dies durch ausgeführte Tunnel außerhalb Münchens in wesentlich ungünstigeren geologischen Verhältnissen praktisch bestätigt wird (z. B. Bochum, Baulos B2 + B2V).

Nicht selten wird die Neue Österreichische Tunnelbauweise auch als Spritzbetonbauweise bezeichnet, weil speziell im U-Bahn-Bau der Spritzbeton als tragendes Element des Außenringes die dominierende Rolle spielt. Mit Bezug auf die hier dargelegten Grundsätze und Argumente wird jedoch verständlich, daß es sich bei der alleinigen Sicherung eines Hohlraumes mit bewehrtem Spritzbeton nur um die Auswahl jener Stützmaßnahme bzw. jenes Ausbauwiderstandes handelt, der für die wirtschaftliche Erreichung des dauernden Gleichgewichtes erforderlich ist. Grundsätzlich umfaßt aber die NATM eine Reihe von Stützmaßnahmen zum Aufbau des dauernden Gleichgewichtes, die je nach der Art des primären Spannungszustandes im Gebirge und den geomechanischen Verhältnissen zum Teil oder allesamt zum Einsatz gebracht werden müssen. Auch bei der Unterteilung des Querschnittes beim Vortrieb (Vollausbruch/Teilausbruch) unterliegt die NATM nicht einem bestimmten Schema. Grundsätzlich ist jede Unterteilung möglich, die zum Erfolg führt.

Es darf nicht übersehen werden, daß die NATM als Methode auf allgemeingültigen Grundsätzen [4, 5, 7] beruht, ohne deren Verständnis moderner Tunnelbau nicht möglich ist.

Literatur

[1] *Münichsdorfer:* West-Ost-Profil zwischen Theresienhöhe und Berg am Laim. 1922.

[2] Die geologischen und hydrologischen Verhältnisse beim Münchner U-Bahn-Bau. Landeshauptstadt München, U-Bahn-Referat 1968.

[3] Die hydrologischen Verhältnisse der Münchner Schotterebene östlich der Isar — Bayerische Landesstelle für Gewässerkunde, München 1968.

Praktische Erfahrungen bei der Grundwasserabsenkung beim Münchner U-Bahn-Bau, erläutert am Beispiel des U-Bahn-Loses 03 — Geologica Bavarica, Bd. *64*, Bayerisches Geologisches Landesamt (1971).

Druckabbau gespannter Wässer und Entwässerung von Tertiärsanden beim S-Bahn-Bau in München — Geologica Bavarica, Bd. *64*, Bayerisches Geologisches Landesamt (1971).

Hydrologische Profile der U-Bahn-Trasse zwischen Haupt- und Ostbahnhof der Landeshauptstadt München — Dt. Gewässerkunde Mitt., SH, Koblenz (1967).

[4] *Rabcewicz, L. von, Sattler, K.:* Die Neue Österreichische Tunnelbauweise. Bauingenieur 40, Heft 8, S. 289 ff. (1965).

[5] *Sattler, K.:* Neuartige Tunnelmodellversuche. Felsmech. u. Ingenieurgeologie, Suppl. *IV*, S. 111—137. Wien-New York: Springer 1968.

[6] *Rabcewicz, L. von, Pacher, F.:* Gedanken zu Modelluntersuchungen an Tunnelauskleidungen in Form einer dünnen, halbsteifen Schale. Felsmech. u. Ingenieurgeologie, Suppl. *IV*, S. 138—146. Wien-New York: Springer 1968.

[7] *Pacher, F.:* Anwendung der Neuen Österreichischen Tunnelbauweise in nicht standfestem Gebirge. SIA-Studientagung 1975, Zürich, Dokumentation 12, S. 45—54 (1976).

[8] *Rabcewicz, L. von, Pacher, F.:* Die Elemente der Neuen Österreichischen Tunnelbauweise und ihre geschichtliche Entwicklung. Österr. Ingenieur-Zeitschrift, Heft 9, Jg. 18 (1975).

Anschriften der Verfasser: Dr. h. c. Dipl.-Ing. Franz Pacher, Franz-Josefs-Straße 3, A-5020 Salzburg, Österreich; Dipl.-Ing. Franz Laabmayr, Rindermarkt 7, D-8000 München 2, Bundesrepublik Deutschland, und Schallmoser Hauptstraße 22a, A-5020 Salzburg, Österreich.

Beitrag 4

Beitrag zur Weiterentwicklung der Berechnung flachliegender Tunnelbauten im Lockergestein

Von

G. Swoboda* und **F. Laabmayr**

Mit 13 Abbildungen

Zusammenfassung — Summary

Beitrag zur Weiterentwicklung der Berechnung flachliegender Tunnelbauten im Lockergestein. Die Berechnung der Schnittkräfte erfolgt auf der Grundlage der Finite-Element-Methode. Unter Verwendung des Elementtyps LST werden Erweiterungen auf dem Gebiet der Plastizität und des Berechnungsverfahrens entwickelt. Messungen am Bauwerk dienen als Grundlage der Berechnung. Für die nach der NATM hergestellt doppelschalige Konstruktion wird ein Rechenansatz für die Innenschale vorgeschlagen.

Contribution to Improvements in the Calculation of Shallow Tunnel Constructions in Soil. The forces are calculated on the basis of the Finite-Element-Method. By using the LST-type element, improvements are developed in the field of plasticity and in the calculation methods. Measurements at the structure serve as the mathematical basis. A mathematical set-up is proposed for the inner shell in a double-shell construction in conformity with NATM.

1. Einleitung

Jede Disziplin der modernen Technik bemüht sich, die grundsätzlichen Zusammenhänge der Entstehung eines Produktes qualitativ und quantitativ zu erfassen und so gut als möglich zu nützen. Im Bereich des Tunnelbaues liefert die Geomechanik die entsprechenden Grundlagen.

Das Verlangen nach Sicherheit für Gut und Leben in unserer Gesellschaft schafft weitere Bedingungen für Forschung und Ausführung. Besonders die Tätigkeit im städtischen Bereich verlangt immer stärker nach einer Planung, die sich nicht ausschließlich auf Empirie stützt.

---

* Tunnelforschung der Universität Innsbruck: Vorstand: Univ.-Prof. Seeber, Univ.-Prof. Moser, Univ.-Prof. Lessmann.

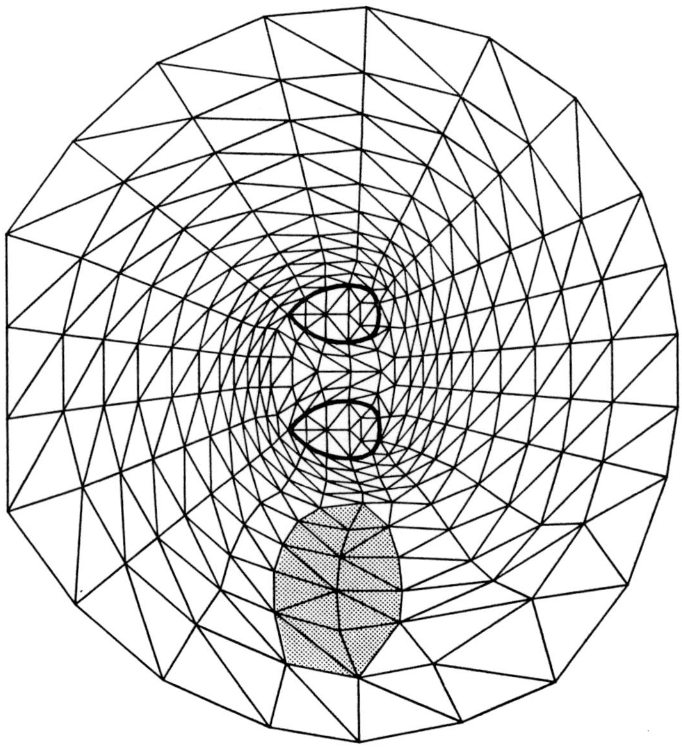

Finite Element Netz
Elemente : 698
Knoten : 1111

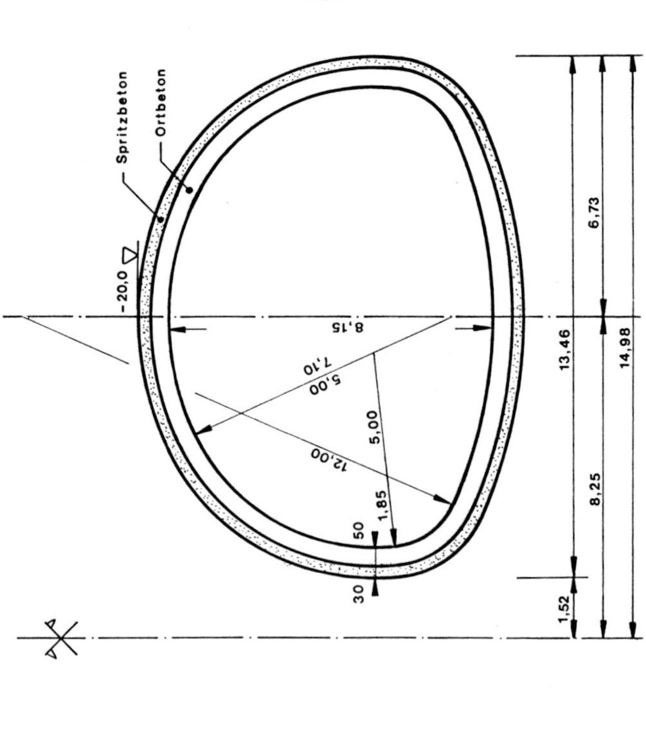

Querschnitt C
Ausbruchfläche F = 106 m^2
Firstüberdeckung 20 m

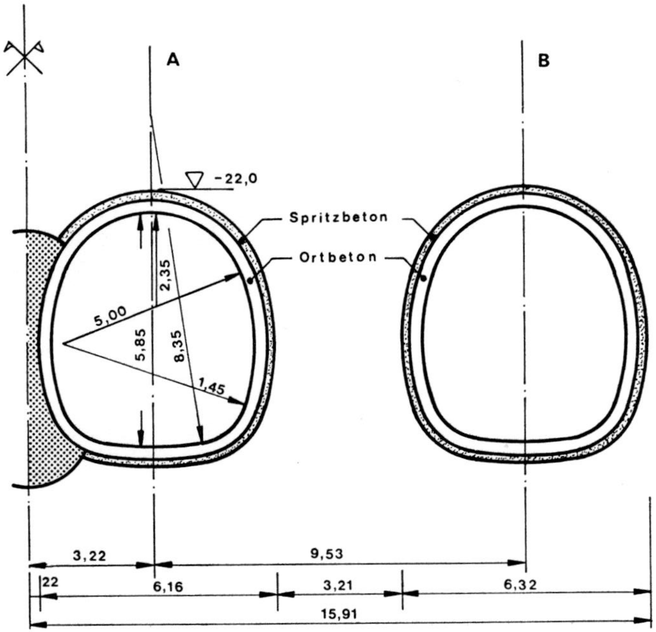

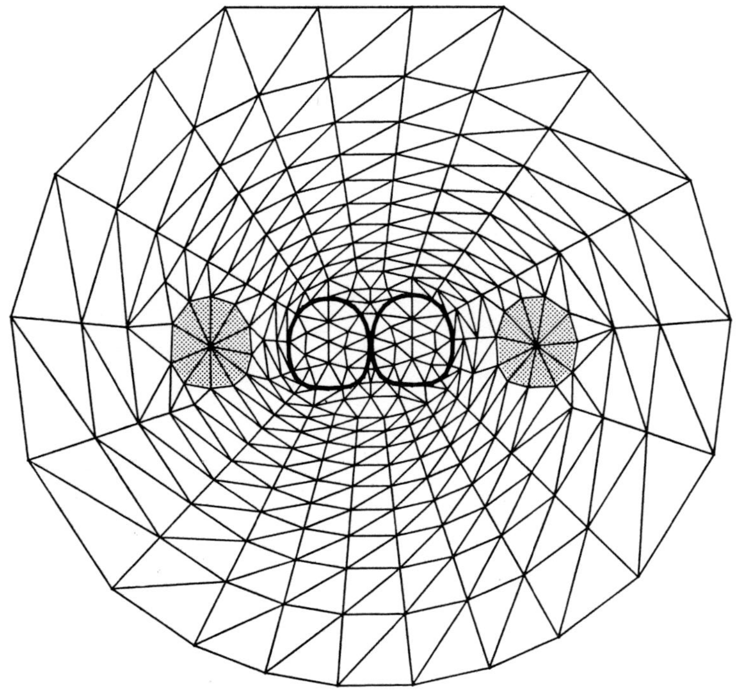

Abb. 1a und 1b. Regelquerschnitte und zugehörige Rechenmodelle

Standard cross sections and associated mathematical models

Die Wirtschaftlichkeit an sich, die Entwicklung der Baukosten sowie die Belange des Baubetriebes bringen zusätzliche Probleme für die rechnerische Behandlung der Tunnelbauten. Somit sind wir gezwungen, im Entwurf und in der Berechnung von Tunnelbauwerken nach Lösungsmöglichkeiten zu suchen, welche

- den Grundsätzen der Geomechanik,
- den Bedürfnissen nach Sicherheit,
- dem Verlangen nach Wirtschaftlichkeit und
- den Erfordernissen des Baubetriebes

gerecht werden.

Im Spannungsfeld dieser Bedingungen wurden in jüngster Zeit auch in unserem Fachgebiet Berechnungsmethoden entwickelt, die den gestellten Ansprüchen gerecht werden wollen.

Voraussetzung für die Verwendbarkeit einer Berechnungsmethode ist die Festlegung eines oder mehrerer Homogenbereiche mit einer gewissen Vereinfachung der physikalischen Gesetze und einer gezielten Auswahl der Parameter. Diese werden durch entsprechende Rechenmodelle beschrieben.

Um das Problem der Bemessung naturgetreu in den Griff zu bekommen, wurde in den letzten Jahren die Methode der Finiten-Elemente für die Zwecke des Hohlraumbaues nutzbar gemacht. Wenn auch diese Methode bis heute keine bis ins kleinste Detail unanfechtbare, allgemeingültige Berechnungsrezeptur geworden ist, so ist sie doch aus dem modernen Tunnelbau nicht mehr wegzudenken. An ihrer Weiterentwicklung wird ständig gearbeitet.

Von großer wirtschaftlicher Bedeutung ist das Einbeziehen der eigenen Tragwirkung des Gebirges (Gewölbebildung um den Hohlraum) in die Berechnung.

Als direktes Ergebnis der Berechnung konnte dies bis heute noch nicht einwandfrei erfaßt werden. Stets ist ein Zwischenschritt [8, 11] erforderlich, der im Falle des Bauloses 18.2 mit dem sogenannten Lastabminderungsverfahren getan wurde. Das Verfahren beruht auf den Ergebnissen umfangreicher Messungen in situ. Die Verformungen zeigten stets den zeitlich gleichen Verlauf, wie er in Abb. 4 festgehalten ist. Sie repräsentieren das typische Verformungsgeschehen infolge Spannungsumlagerung unmittelbar vor und nach dem Ausbruch.

2. Wahl des Rechenmodelles

Die Verformungen des Bodens und damit die Verformungen des Einbaues sind bei Untertagbauten des U-Bahn-Baues aufgrund der sehr komplexen geometrischen Zusammenhänge zwischen verschiedenen gleichzeitig gebauten Röhren mit den üblichen Methoden der Geomechanik und der Stabstatik nur schwer erfaßbar. Aus diesem Grund wurden die zu untersuchenden Querschnitte durch eine umfangreiche Finite-Element-Berechnung erfaßt. Bei diesem Verfahren, das bereits für zahlreiche Untertagbauten Verwendung fand [4, 5, 6, 7], können geometrische Randbedingungen und unterschiedliche Materialeigenschaften hinreichend genau erfaßt werden.

In Abb. 1 sind Berechnungsquerschnitte und die dazugehörigen Regelquerschnitte gegenübergestellt. Beim Aufbau der Netze wurde so verfahren, daß immer jener Bereich des Einbaues engmaschig erfaßt wurde, in dem die größten Beanspruchungen zu erwarten waren. Das bedeutet, daß bei nebeneinanderliegenden Röhren die Betonschalen der außenliegenden Röhren nicht durch ein Fachwerk dargestellt werden, sondern nur die Form des Hohlraumes berücksichtigt wird. Auf diese Weise kann die Wirkung des Ausbruches von benachbarten Röhren auf den betrachteten Tunnelquerschnitt untersucht werden, die Schnittkräfte in den anliegenden Röhren bleiben jedoch unbekannt.

Als Element wurde das LST-Element verwendet, das in [10] näher beschrieben wird. Aufgrund von zwölf Verformungsfreiheiten können bei gleicher Eingabedatenmenge wie beim oft verwendeten CST-Element wesentlich höhere Genauigkeiten erzielt werden.

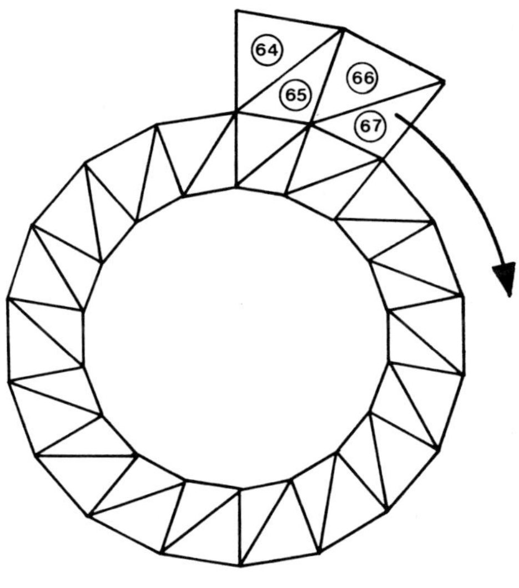

Abb. 2. Schematischer Netzaufbau
Schematic construction of the mesh

Maßgebend für die Größe des Netzes ist, daß die Spannungsänderungen infolge Ausbruchs des Hohlraumes bis zum Netzrand abgeklungen sind. Erst damit ist sichergestellt, daß die starre Lagerung des Randes keinen negativen Einfluß auf die Rechengenauigkeit hat.

Aufgrund des verwendeten Lösungsverfahrens der Gleichungen erfolgte die Konstruktion der Netze durch einen ringförmigen Aufbau der Elemente (Abb. 2). Als Folge ist der erforderliche Zeitaufwand für die Lösung der Gleichungen ein Minimum. Die überaus umfangreiche Datenerstellung für insgesamt 6500 Elemente erfolgte mit einem interaktiven Datengenerierungsprogramm an der Rechenanlage PDP 11/45.

Aus den aufgezeigten Kenndaten in der Tabelle Abb. 3 ergibt sich, daß die Netze rund 2250 Freiheitsgrade haben. Bei der hier gewählten und später genauer beschriebenen Folgelastfallberechnung zeigte sich jedoch bei diesem

Übersicht Bodenkennwerte

	Quartär Q	Flinzsand FS	Flinzmergel FM	für örtl. Bauzustände FS
γ_f [Mp/m³]	2,2	2,1	2,1	2,1
γ_a [Mp/m³]	1,3	1,1	1,1	1,1
φ' [°]	38°	38°	25°	40°
C [Mp/m²]	0	0,5	9,0	0,5
λ_0	0,5	0,5	0,5	0,5
ν	0,35	0,35	0,35	0,35
^{E}Belastung [kp/cm²]	1100	1100	1500	1100
^{E}Entlastung [kp/cm²]	2000	2000	2000	2000

Bezeichnung des Querschnittes	Elemente	Knoten
A (flache Lage)	919	1049
A (tiefe Lage)	1032	1272
B	882	1117
C 1	698	1111
C 2	670	1075
D	764	1243
E	720	1069
F	810	1385

Abb. 3. Netzdaten

Data of the mesh

sehr aufwendigen Netzaufbau nach mehreren Lastfällen eine numerische Ungenauigkeit. Eine größere Reduktion der Freiheitsgrade würde bereits die für die Bemessung herangezogenen Schnittkräfte so verfälschen, daß eine quantitative Aussage unmöglich ist.

3. Lastabminderungsverfahren für die Berechnung der Außenschale

In den bisherigen Berechnungsverfahren [5, 6] wurde von der Annahme ausgegangen, daß es sich um eine rein ebene Tragwirkung handelt und mit dem Verformungsbeginn die Betonschale wirksam ist. Diese Annahme ist gerade bei tiefen Lagen ungünstig. In verschiedenen Arbeiten [8, 11] werden Verfahren vorgeschlagen, welche die Verformungen berücksichtigen, die vor Wirksamwerden der Betonschale stattgefunden haben. Damit wird versucht, den räumlichen Spannungs- und Verformungszustand zu erfassen.

Bei dem hier vorgeschlagenen Lösungsweg wird durch das Heranziehen von Messungen in der Natur der räumliche Umlagerungsgang näherungsweise erfaßt und ein dementsprechendes statisches System geschaffen.

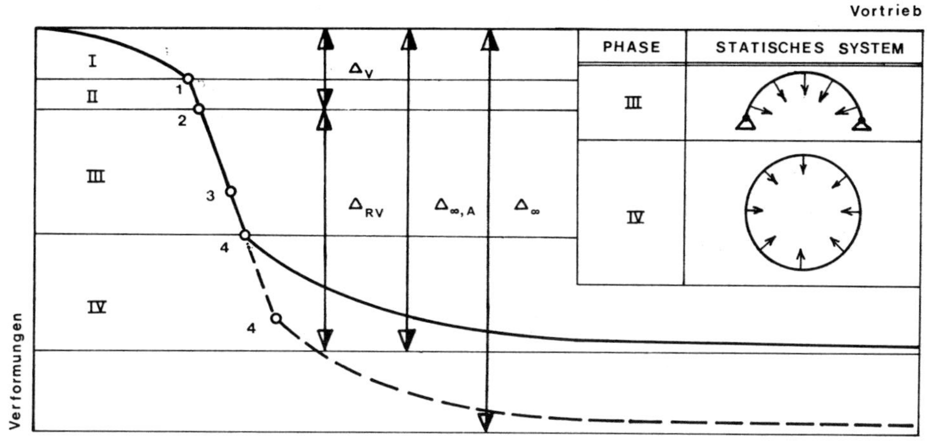

Abb. 4. Zusammenhang zwischen gemessenen Bodenverformungen und dem statischen System

Interrelation between measured soil deformations and the static system

Abb. 4 zeigt die typische, durch Extensometer gemessene, vollständige Verformung des Gebirges. Dieser Verformungsverlauf wurde nicht nur an mehreren Stellen in den Baulosen U 9 und 18.2, sondern auch bei zahlreichen anderen Bauvorhaben [12, 13] und bei theoretischen Überlegungen [14, 15] festgestellt. Daraus ist zu erkennen, daß sich vor Erreichen des Meßquerschnittes das Gebirge aufgrund der räumlichen Entspannung bereits verformt hat. Das für diese Verformung maßgebende statische System ist unbekannt. Es kann jedoch angenommen werden, daß ein Modell mit einem reduzierten E-Modul im Bereich des Ausbruches weitgehend die Verformungen erfaßt. Dabei ist aber die Größe der Reduktion unbekannt und müßte durch eine exakte räumliche Untersuchung an der Ortsbrust genau bestimmt werden. In der weiteren Berechnung wird die Reduktion der Steifigkeit mit 50 % angenommen. Die vor der Störung durch den Vortrieb im Boden wirksame Spannung, auch Primärspannung genannt, ist

$$\begin{aligned} \sigma_y &= \sigma_V = \gamma \cdot h \\ \sigma_x &= \sigma_H = \lambda \cdot \gamma \cdot h \end{aligned} \tag{1}$$

Bei Aufbringen dieser Belastung würde die Außenschale die gesamte Verformung Δ_I und Δ_{II} (Abb. 4) mitmachen, was jedoch mit den Meßwerten nicht übereinstimmt. Die in Abb. 4 dargestellten Verformungen der Phase I, Vorverformung des Vollquerschnittes, und der Phase II, Verformung der geöffneten und der freitragenden Kalotte, werden in der Folge zusammen als Vorverformungen Δ_V bezeichnet.

Verformungen, die vor Aufbringen der Spritzbetonschale stattfinden

(Punkt 1 in Abb. 4), bleiben ohne Einfluß auf die Schnittkräfte der Spritzbetonschale.

Nach Einbau der Spritzbetonschale (Phase III und IV) bewirken die weiteren Verformungen aufgrund der nur langsamen Zunahme des E-Moduls des Betons stark reduzierte Schnittkräfte.

In Abb. 6 und Abb. 7 wird der Zusammenhang zwischen der Zunahme des E-Moduls der Betonschale und den Schnittkräften dargestellt. Voraussetzung für eine Berücksichtigung dieser zusätzlichen Abminderung ist, daß die Zeitabhängigkeit des E-Moduls des Betons meßtechnisch gut erfaßt wird. In der weiteren Berechnung wurde diese Möglichkeit nicht weiter verfolgt.

Um die Wirkung der Vorverformung zu berücksichtigen, wird eine Abminderung der wirksamen Last gesucht. Die für die Verformung des Bodens maßgebende Last entsteht aus den Spannungen, die im Ausbruchbereich vorhanden sind. Um die Spannungsabminderung in diesem Bereich zu erfassen, wird folgende Reduktion durchgeführt:

$$\begin{aligned} \sigma_V'' &= \alpha \cdot \sigma_V = \alpha \cdot \gamma \cdot h \\ \sigma_H'' &= \alpha \cdot \sigma_H = \alpha \cdot \lambda \cdot \gamma \cdot h \end{aligned} \tag{2}$$

wobei α als Lastabminderungsfaktor bezeichnet wird. Für die Bestimmung dieses Faktors kann aus den Messungen (Abb. 4) folgende Beziehung aufgestellt werden:

$$k = \alpha \cdot \beta = \frac{\Delta_{RV}}{\Delta_{RV} + \Delta_V} \tag{3}$$

Δ_V . . . . Vorverformung am Bauwerk
Δ_{RV} . . . . Restverformung am Bauwerk
Δ_∞ . . . . Endverformung am Bauwerk

Die Konstante k kann aus Meßwerten bestimmt werden. Unbekannt sind die beiden Faktoren α und β. Durch den Faktor β soll der Unterschied Meßwerte—Rechenmodell berücksichtigt werden. Darüber hinaus wird damit die Wirkung des Ausbaues im Rechenmodell erfaßt. Die Verformung Δ_V wird aus einer charakteristischen Extensometermessung, z. B. des Scheitelpunktes, gewonnen.

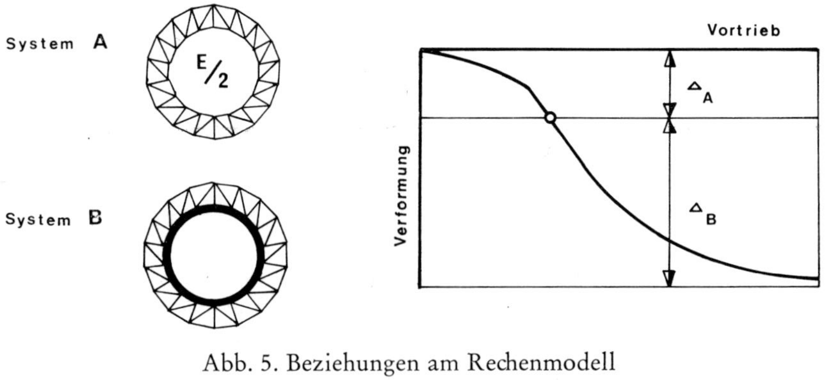

Abb. 5. Beziehungen am Rechenmodell

Relations of the mathematical model

Für die Berechnung werden folgende zwei Systeme (Abb. 5) gewählt: System A soll die Verformungen erfassen, die vor Erreichen des Meßquerschnittes auftreten. Dafür wird ein Scheibensystem angenommen, in dem die Schwächung durch den späteren Ausbruch durch einen abgeminderten E-Modul (E/2) erfaßt wird. Das System B entspricht dem eigentlichen verkleideten Ausbruchsquerschnitt.

Die Beziehung zwischen Vorverformung und Restverformung am Rechenmodell kann durch den folgenden Ansatz erfaßt werden:

$$\alpha \cdot \beta = \frac{\Delta_B}{\Delta_A + \Delta_B} \tag{4}$$

Δ_A. . . . . Vorverformung des Rechenmodelles
Δ_B. . . . . Restverformung des Rechenmodelles

Die Verformung Δ_A wird am System A bzw. Δ_B am System B gewonnen.

Die auf beide Systeme wirkende Gesamtlast wird aufgrund des noch unbekannten Faktors α so verteilt, daß auf das System B die Last aus der um den Faktor α verminderten Primärspannung (2) wirkt und daher auf das System A der Lastanteil aus den Spannungen

$$\begin{aligned} \sigma_V' &= (1-\alpha) \cdot \sigma_V = (1-\alpha) \cdot \gamma \cdot h \\ \sigma_H' &= (1-\alpha) \cdot \sigma_H = (1-\alpha) \cdot \lambda \cdot \gamma \cdot h \end{aligned} \tag{5}$$

wirkt.

Wird sowohl das System A als auch das System B mit der gesamten wirkenden Primärspannung (1) belastet, so ergeben sich die beiden Verformungen $\overline{\Delta}_A$ und $\overline{\Delta}_B$. Ort und Richtung dieser Verformungen entsprechen dabei den Extensometermessungen im Boden.

Da im elastischen Bereich Proportionalität zwischen Last und Verformung besteht, gilt die Beziehung:

$$\begin{aligned} \Delta_A &= (1-\alpha) \cdot f_A(\sigma_V, \sigma_H) \\ \Delta_B &= (1-\alpha) \cdot f_B(\sigma_V, \sigma_H) \end{aligned} \tag{6}$$

Das heißt, daß die gesuchte Verformung Δ_A eine mit $(1-\alpha)$ verzerrte Funktion des mit σ_V und σ_H belasteten Systems A ist. Damit kann aus den Verformungen $\overline{\Delta}_A$ und $\overline{\Delta}_B$ die Verformungen Δ_A und Δ_B gewonnen werden.

$$\begin{aligned} \Delta_A &= (1-\alpha) \cdot \overline{\Delta}_A \\ \Delta_B &= \alpha \cdot \overline{\Delta}_B \end{aligned} \tag{7}$$

Wird die Beziehung (7) in die Gleichung (4) eingesetzt, so ergibt sich:

$$\alpha \cdot \beta = k = \frac{\alpha \cdot \overline{\Delta}_B}{(1-\alpha) \cdot \overline{\Delta}_A + \overline{\Delta}_B}$$

Damit kann der Lastabminderungsfaktor α bestimmt werden:

$$\alpha = \frac{k \cdot \overline{\Delta}_A}{(1-k) \cdot \overline{\Delta}_B + k \cdot \Delta_A} \tag{8}$$

wobei die Meßkonstante k und die Verformungen beider Berechnungssysteme bekannt sein müssen.

Eine Untersuchung der Formel (8) ergibt, daß bei einem unendlich starren Ausbau die Verformung $\Delta_B = 0$ wäre. Das heißt, daß als Grenzfall das in (6) geprägte Rechenmodell mit unendlich starrem Schild wieder erreicht wird.

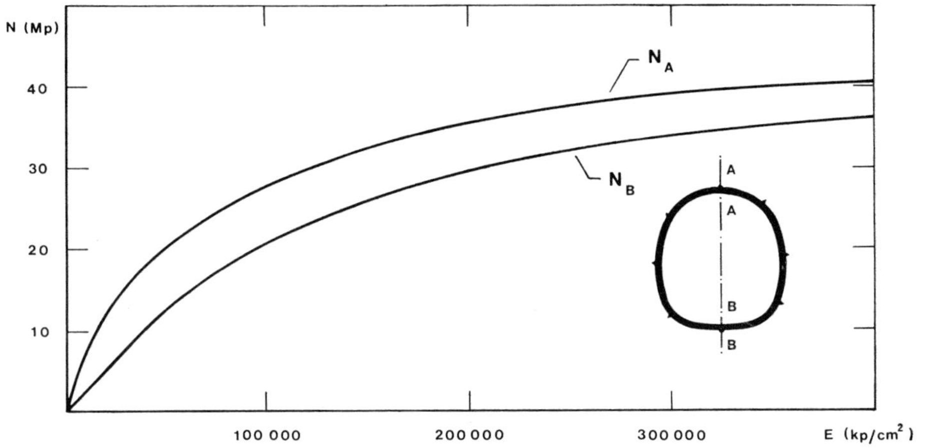

Abb. 6. Einfluß des Spritzbeton-E-Moduls auf die Schalenschnittkräfte
Influence of the shotcrete modulus of elasticity on the shell forces

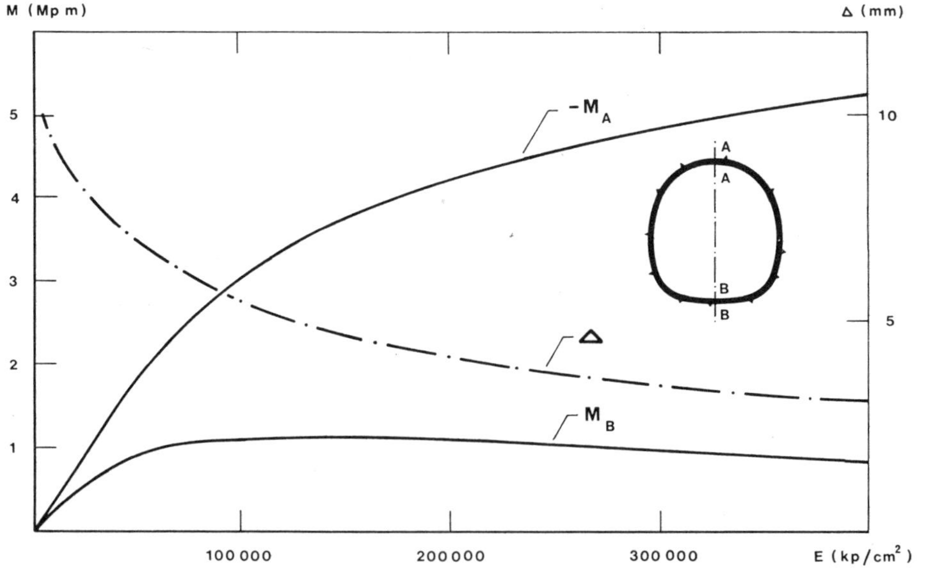

Abb. 7. Einfluß des Spritzbeton-E-Moduls auf Verformungen und Momente
Influence of the shotcrete modulus of elasticity on deformations and moments

4. Schnittkräfte der Außenschale und Bodenspannungen

Die ursprünglich im Boden vorhandene Primärspannung wird aufgrund des Lastabminderungsverfahrens in einen Anteil aufgeteilt, der durch das Bodensystem (System A) übernommen wird, und in einen Anteil, der durch das Schalensystem (System B) getragen wird. Für die Vorverformung, die am System A stattfindet, ergibt sich aufgrund der in (8) berechneten Lastaufteilung der Primärspannungsanteil (5). Mit den aus der Last hervorgerufenen Spannungsänderungen $\Delta\sigma_{A,V}$ lauten nach dem ersten Berechnungsschritt die Bodenspannungen:

$$\begin{aligned} \sigma_{A,V} &= \sigma_V' + \Delta\sigma_{A,V} = (1-\alpha)\cdot\gamma\cdot h + \Delta\sigma_{A,V} \\ \sigma_{A,H} &= \sigma_H' + \Delta\sigma_{A,H} = (1-\alpha)\cdot\lambda\cdot\gamma\cdot h + \Delta\sigma_{A,H} \end{aligned} \tag{9}$$

Im zweiten Berechnungsschritt, aufgrund der Belastung (2), lautet die Spannung im Boden

$$\begin{aligned} \sigma_{B,V} &= \sigma_V'' + \Delta\sigma_{B,V} = \alpha\cdot\gamma\cdot h + \Delta\sigma_{B,V} \\ \sigma_{B,H} &= \sigma_H'' + \Delta\sigma_{B,H} = \alpha\cdot\lambda\cdot\gamma\cdot h + \Delta\sigma_{B,H} \end{aligned} \tag{10}$$

wobei $\Delta\sigma_B$ die Spannungsänderung aufgrund der Bodenverformung dieses Berechnungsschrittes bedeutet.

Damit ergeben sich die endgültigen Bodenspannungen aus (9) und (10):

$$\begin{aligned} \sigma_V &= \sigma_{A,V} + \sigma_{B,V} \\ \sigma_H &= \sigma_{A,H} + \sigma_{B,H} \end{aligned} \tag{11}$$

Diese Spannungen sind dann auch der Ausgangspunkt für die Berechnung der weiteren plastischen Spannungsänderungen in Boden und Schale. Die Schnittkräfte der Außenschale werden direkt aufgrund des zweiten Berechnungsschrittes, also aus den Verformungen des Systems B, gewonnen. Da die Schale im System A noch nicht vorhanden ist, hat dieses System keinen direkten Einfluß auf diese Schnittkräfte.

5. Schnittkräfte der Innenschale

Für die Berechnung der Innenschale wird ein Schnittkraftumlagerungsmodell verwendet, welches nach dem derzeitigen Stand der Entwicklung eine große zusätzliche Sicherheit beinhaltet. Es wird nämlich angenommen, daß die Tragfähigkeit der bewehrten Spritzbetonaußenschale langzeitlich gesehen ihre volle Tragfähigkeit nicht beibehält.

Nach der abgeschlossenen Außenschalenberechnung, in welcher die Innenschale durch Nullsetzen der Steifigkeit nicht mit in die Berechnung eingeht, sind die Stabkräfte P der Außenschale bekannt. In das verformte System wird nun die Innenschale eingebaut. In der Berechnung geschieht dies durch Aktivieren der Steifigkeit der Innenschale. Treten langzeitlich gesehen keine weiteren Bodenverformungen auf, erhält die Innenschale keine Schnittkräfte.

Wird jedoch ein völliges Versagen der Außenschale angenommen, so werden sich die Schnittkräfte auf die Innenschale bei neuerlicher Verformung des Bodens umlagern. Um die versagende Außenschale im Rechenmodell zu berücksichtigen, wurde hier die Annahme getroffen, daß der E-Modul auf jenen des Bodens absinkt. Dadurch können auch die Knotenkräfte, die ursprünglich im Fachwerk vorhanden waren, nicht mehr aufgenommen werden. Das heißt, daß die ursprünglichen Stabkräfte nach Abb. 8 mit umgekehrten Vorzeichen als Knotenkräfte P auf das System aufgebracht werden. Für zukünftige Berechnungen erscheint es jedoch wirklichkeitsnäher, die Normalkraftstragfähigkeit der Außenschale beizubehalten und nur ein Versagen der Bewehrung anzunehmen, das heißt eine Momentenumlagerung von der Außenschale auf die Innenschale.

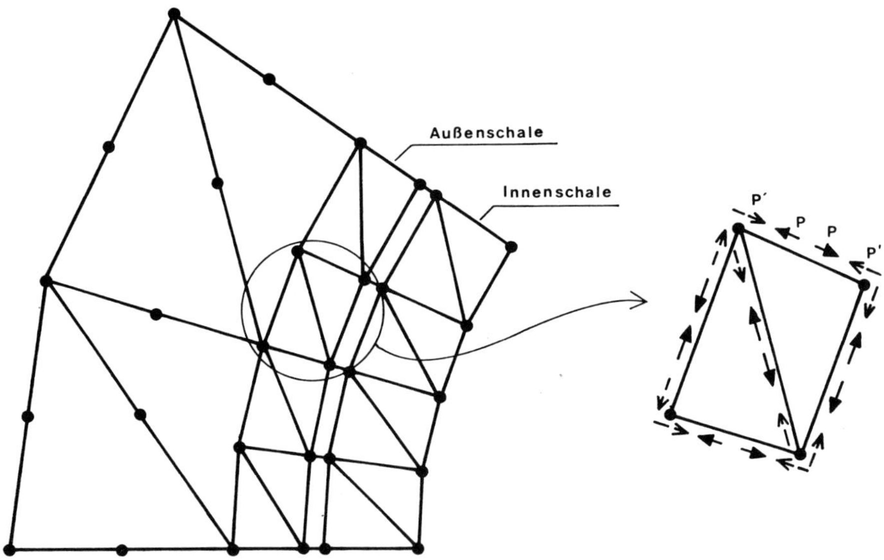

Abb. 8. Ansatz zur Innenschalenberechnung
Set-up for calculation of the inner shell

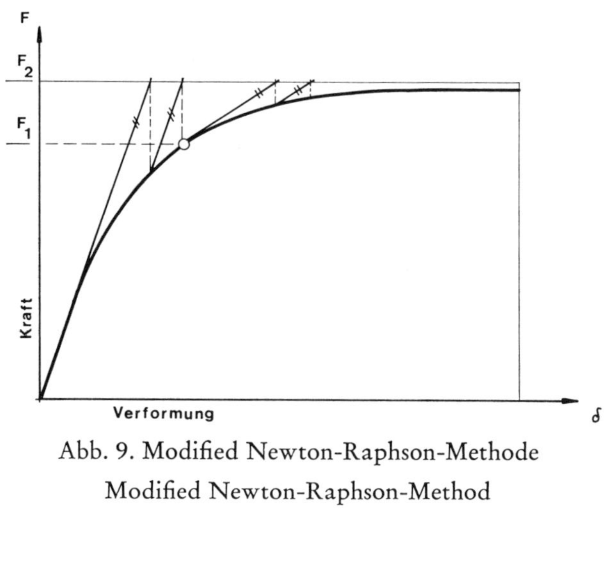

Abb. 9. Modified Newton-Raphson-Methode
Modified Newton-Raphson-Method

6. Nichtlineare Berechnungsansätze und deren baupraktische Bedeutung

Die Berechnung von komplexen Querschnitten, wie sie hier gezeigt wurden, ist bei Verwendung eines nichtlinearen Stoffgesetzes überaus rechenzeitintensiv. Bei der Entwicklung des Programmsystems wurde deswegen die Möglichkeit geschaffen, die häufigste Lösungsmethode, die „initial stress method“ [16], mit der „tangent stiffness method“ zu kombinieren. Das Verfahren ist aus der Literatur als „modified Newton-Raphson“-Verfahren bekannt. Damit kann die Rechenzeit wesentlich reduziert werden.

Bei dem hier verwendeten kombinierten Iterationsverfahren wird die Elastizitätsmatrix $[D]_{el}$ nach Aufbringen einer Teillast F^I neu aufgestellt.

$$[D]_{pl} = [D]_{el} - [D]_{el} \left\{\frac{\partial F}{\partial \sigma}\right\}\left\{\frac{\partial F}{\partial \sigma}\right\}^T [D]_{el} \left[A + \left\{\frac{\partial F}{\partial \sigma}\right\}^T [D]_{el} \left\{\frac{\partial F}{\partial \sigma}\right\}\right]^{-1} \tag{12}$$

Die Plastizitätsmatrix $[D]_{pl}$, mit der die weitere Berechnung durchgeführt wird, enthält typische anisotrope Eigenschaften. Mit dieser wird für jene Elemente, in denen eine Plastifizierung aufgetreten ist, die Steifigkeitsmatrix neu aufgestellt.

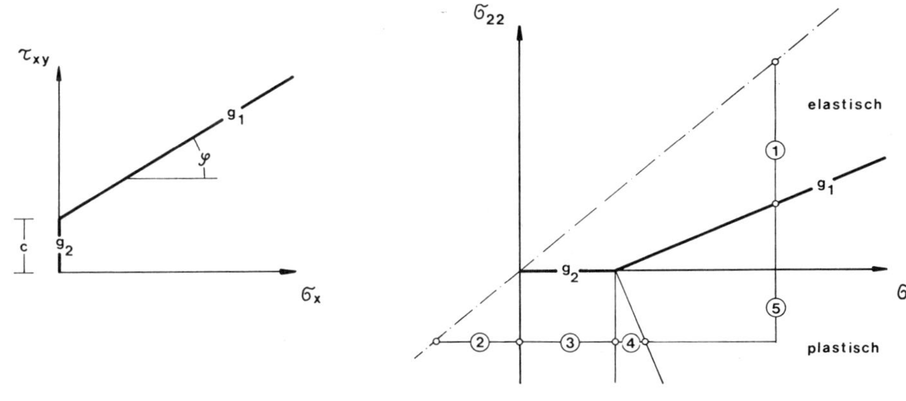

Abb. 10. Bruchbedingungen und Fließbedingungen

Failure conditions and flow conditions

Für das hier angenommene idealplastische Material ist $A = 0$, womit das Produkt (12) leicht berechnet werden kann.

Mit den Konstanten der Geraden g_1:

$$k_{\sigma,1} = \frac{1 - \sin\varphi}{1 + \sin\varphi} \qquad d_{\sigma,1} = \frac{2 \cdot c \cdot \cos\varphi}{1 + \sin\varphi}$$

lautet die Fließbedingung für die nach Abb. 10 bezeichneten Zonen:

$$③ \left\{\frac{\partial F}{\partial \sigma}\right\} = \begin{Bmatrix} 0 \\ 1 \\ 0 \end{Bmatrix} \tag{13}$$

$$④ \left\{\frac{\partial F}{\partial \sigma}\right\} = \begin{Bmatrix} \sigma_{11} \cdot k_{\sigma,1} + d_{\sigma,1} \\ \sigma_{22} \cdot k_{\sigma,2} \\ -1 \\ 0 \end{Bmatrix}$$

$$⑤ \left\{\frac{\partial F}{\partial \sigma}\right\} = \begin{Bmatrix} k_{\sigma,1} \\ -1 \\ 0 \end{Bmatrix}$$

und für den Bereich ②, dem vollständigen Zugversagen, ist:

$$[D]_{pl} \approx 0$$

Das hier beschriebene Verfahren bietet auch bei schlecht konvergierenden Systemen die Möglichkeit, die Plastifizierung möglichst weit zu verfolgen. Dies ist vor allem bei großen örtlichen Plastifizierungen, wie sie bei den Erdpfeilern der Doppelquerschnitte auftreten können, von größter Bedeutung. Erst mit diesem Rechenschritt kann der Nachweis geführt werden, daß die auftretenden Plastifizierungen zu keinem Versagen des Querschnittes führen.

7. Resultate der Berechnung

Aus der elastischen und plastischen Deformation des kombinierten Modelles von Boden und Spritzbeton ergeben sich die Schnittkräfte der Schalen,

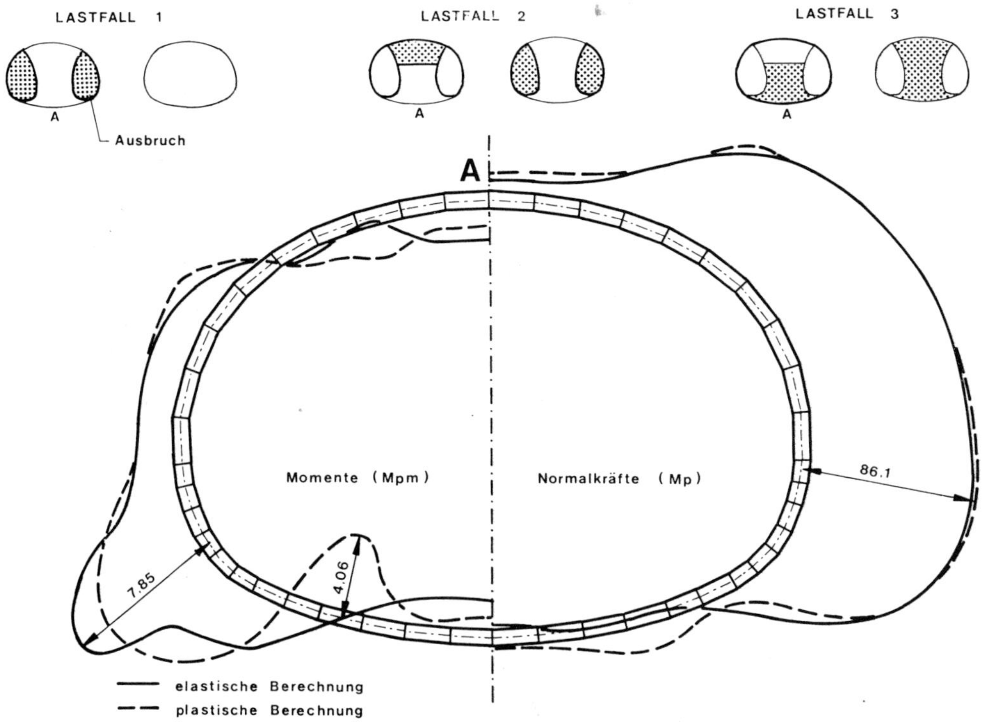

Abb. 11. Schnittkräfte unter Berücksichtigung der Plastizität des Rechenquerschnittes B

Forces, with consideration of the plasticity of the mathematical cross section B

die die Grundlage der Bemessung des Betonquerschnittes ergeben. Dabei werden in der Regel die üblichen Sicherheiten für Beton und Stahl eingehalten. Das entspricht den besonderen Gegebenheiten des städtischen Tunnelbaues. In Abb. 11 werden die endgültigen Schnittkräfte der Außenschale eines typischen Rechenquerschnittes dargestellt. Der Einfluß der Plastifizierung bei diesem in drei Berechnungsschritten berechneten Querschnitt ist hier von augenscheinlicher Bedeutung. Der Vergleich zwischen Meßwerten und Rechenwerten wird in Abb. 12 und Abb. 13 dargestellt, wobei die Rechenwerte keiner nachträglichen Berechnung entstammen, sondern den Entwurfsberechnungen entnommen wurden. Für die Belastung der Außenschale sind von größter Bedeutung die Radialspannungen an der Fuge zwischen Betonschale und Boden. Mit diesen kann vor allem der Rechenansatz des Lastabminderungsverfahrens geprüft werden. Die Gegenüberstellung im Rechenquerschnitt A (Abb. 12) zeigt eine grundlegende Übereinstimmung. Die Spannungen aus der Finite-

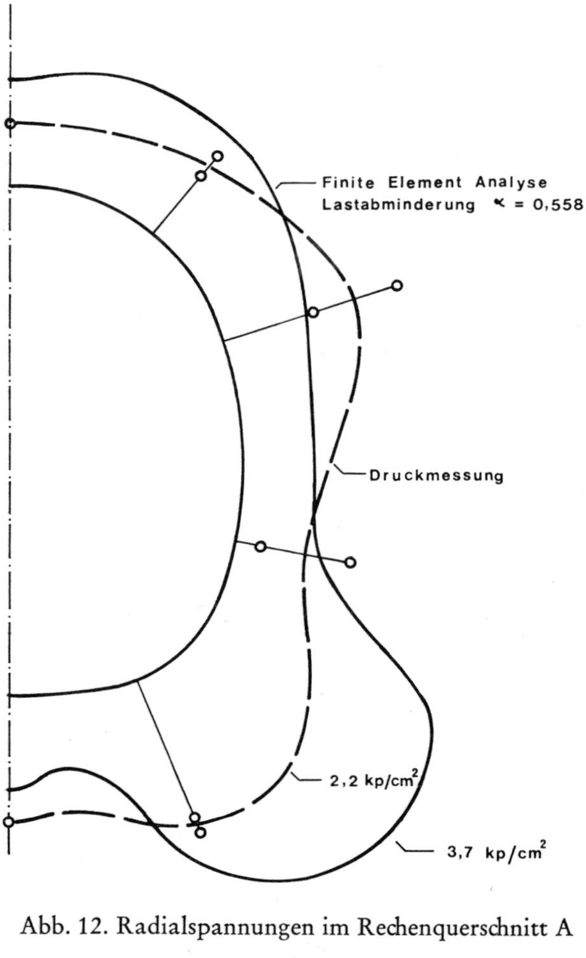

Abb. 12. Radialspannungen im Rechenquerschnitt A

Radial stresses in mathematical cross section A

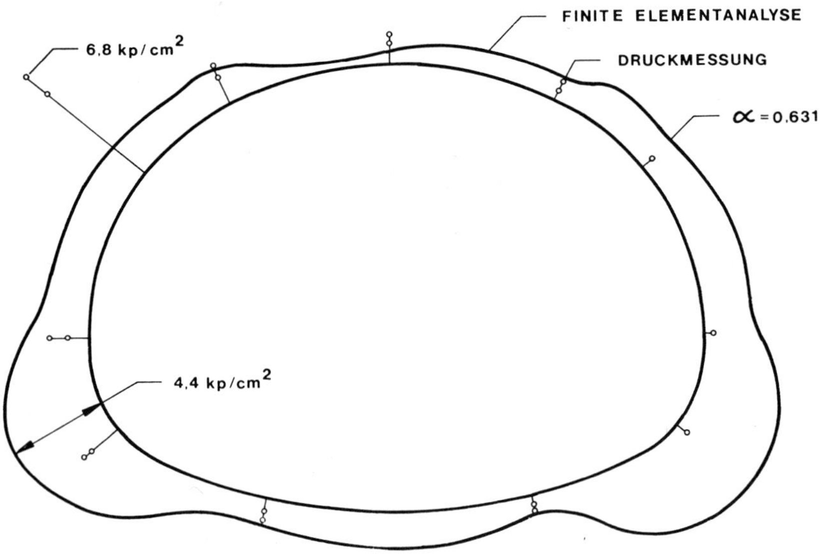

Abb. 13. Radialspannungen im Rechenquerschnitt C
Radial stresses in mathematical cross section C

Element-Berechnung sind fast in allen Punkten größer als die gemessenen. Das heißt, daß eine weitere Reserve im Bauwerk steckt.

Eine beträchtliche Diskrepanz besteht bei den großen Querschnitten. Hier wird infolge des Ausbruchsverfahrens mit Seitenstollen tatsächlich eine örtlich wesentlich stärkere Lastabminderung als hier vorgeschlagen erzielt. Bei dem in Abb. 13 dargestellten Rechenquerschnitt C liegen die gemessenen Radialpressungen wesentlich unter den Rechenwerten.

8. Zusammenfassung

Bei dem hier beschrittenen Weg des Einsatzes der Finite-Element-Methode unter Verwendung des Präzisionselementes LST und der Wiedergabe des Querschnittes mit sehr ausgedehnten Netzen konnten Resultate gewonnen werden, die als echte Entscheidungshilfe für den Entwurf dienen. Wenn man die Bedeutung der Finite-Element-Methode als unterstützendes Hilfsmittel für den planenden Ingenieur abwägt, erscheint der Einsatz dieser Methode für alle städtischen Tunnelbauten trotz des relativ sehr hohen Aufwandes gerechtfertigt.

Danksagung

Die Verfasser sprechen an dieser Stelle den Prüfern, Herrn Univ.-Prof. Herbert Kupfer und Dr. Helmut Kupfer, und dem Gutachter, Herrn Direktor von Soos, Dank aus für ihre zahlreichen maßgeblichen Anregungen und Ratschläge zur Weiterentwicklung dieser Berechnungsmethode.

Literatur

[1] *Rabcewicz, L. von:* Die Neue Österreichische Tunnelbauweise. Bauingenieur *40,* Heft 8, S. 289 ff. (1965).

[2] *Rabcewicz, L. von:* Gedanken zu Modelluntersuchungen an Tunnelauskleidungen in Form einer dünnen, halbsteifen Schale. Felsmech. u. Ingenieurgeologie, Suppl. *IV,* S. 138—146. Wien-New York: Springer 1968.

[3] *Sattler, K.:* Neuartige Tunnelmodellversuche. Felsmech. u. Ingenieurgeologie, Suppl. *IV,* S. 11—137. Wien-New York: Springer 1968.

[4] *Kulhawy, F.:* Finite Element Modeling Criteria for Underground Openings in Rock. Int. I. Rock Mech. Min. Sci. & Geomech. *11,* S. 465—472 (1974).

[5] *Kovàri, K., Hagedorn, H.:* Berechnungsmodelle für die Ermittlung der Deformationen und Beanspruchungen in Tunnelbauwerken. Int. Conf. on Subway Construction, Budapest 1975.

[6] *Kovàri, K.:* Methoden der Dimensionierung von Untertagbauten. Int. Symposion für Untertagbau, Luzern 1972.

[7] *Donato, O., Franchi, A., Gioda, G.:* Finite Element Elastoplastic Analysis of Underground Openings by Quadratic Programming. Sem. Concrete Structures Subj. to Triax. Str., Bergamo 1974.

[8] *Lombardi, G.:* Zur Bemessung der Tunnelauskleidungen mit Berücksichtigung des Bauvorganges. Schweiz. Bauz. *89,* Heft 32, S. 793—801 (1971).

[9] *Laabmayr, F.:* U-Bahn München Los 9 (1976). Dokumentation 12, SIA-Studientagung, Zürich 1975.

[10] *Swoboda, G.:* Rißuntersuchung in Stahlbetonbalken und Scheiben mit Hilfe des LST-Elementes Bauing. *50,* S. 465—468 (1975).

[12] *Chambosse, G.:* Das Verformungsverhalten des Frankfurter Tons beim Tunnelvortrieb. Mitt. Versuchsanst. Bodenmech. u. Grundbau, TH Darmstadt, Nr. 10 (1972).

[13] *Schmidt, B.:* Settlements and ground movements associated with tunneling in soil. Ph. D. Thesis, Illinois University (1969).

[14] *Lögters, G.:* Das räumliche Verformungsproblem beim Vortrieb oberflächennaher Tunnelröhren. Veröff. Inst. Bodenmechanik und Felsmechanik, Univ. Karlsruhe (1974).

[15] *Korbin, G., Brekke, T.:* Model Study of Tunnel Prereinforcement. Journal of Geotechnical Eng. Div., ASCE GT 9, S. 895—907 (1976).

[16] *Swoboda, G., Laabmayr, F.:* Nichtlineare Finite-Element-Analyse der Auskleidung von Tunnel bei geringer Überdeckung. Bauingenieur (im Druck).

Anschriften der Verfasser: Dr. techn. Gunter Swoboda, Institut für Baustatik und verstärkte Kunststoffe, Technikerstraße 13, A-6020 Innsbruck, Österreich; Dipl.-Ing. Franz Laabmayr, Zivilingenieur, Rindermarkt 7, D-8000 München, Bundesrepublik Deutschland.

Beitrag 5

Messungen, Auswertung und ihre Bedeutung

Von

F. Laabmayr und **J. Weber**

Mit 12 Abbildungen

Zusammenfassung — Summary

Messungen, Auswertung und ihre Bedeutung. Der Beitrag berichtet ausschnittsweise über die umfangreichen Meßprogramme für die Vortriebsarbeiten der Baulose 9 und 18.2 und ihre Bedeutung im Rahmen der Bauweise und darüber hinaus. Auszugsweise wird die Austeilung der Meßquerschnitte ober- und untertag sowie die abgestufte Ausrüstung der einzelnen Meßquerschnittstypen wiedergegeben.

Es werden grundsätzlich die Aufgaben und die Art der Messungen erläutert. Aus der Fülle von Meßergebnissen wurde eine repräsentative Auswahl getroffen, bei der besonders die verschiedenen Versuchsprogramme im Vordergrund stehen. In der Deutung der Ergebnisse wird versucht, Erklärungen zu finden, die den vielen Einflüssen auf die Verformungen und Druckentwicklungen beim Umlagerungsvorgang gerecht werden.

Kritische Anmerkungen und Hinweise auf Anforderungen, die im U-Bahn-Bau an die Messungen zu stellen sind, schließen den Bericht ab.

Measurements, Evaluation and Their Relevance. The objectives and the type of the measurements are discussed. A representative selections has been made from the wealth of results given by these measurements, with particular attention being paid to the various test programs.

In interpreting these results, an attempt has been made to find explanations that take into account the many influences on determinations and building up of pressure during the form resetting procedure.

The report closes with some critical comments and some indication of what is required of measurements in the building of a subway system.

1. Aufgabe der Messungen

Die Messungen sind ein wesentlicher Bestandteil der NATM. Sie sind ein Bestandteil, der sie von anderen Bauweisen unterscheidet. Die Messungen schaffen die Möglichkeit, Einsicht in die Größenordnungen der Verformungsvorgänge und Spannungsentwicklung im Verlauf der Druckumlagerung des Gebirges zu gewinnen. Die Messungen erfüllen folgende wesentliche Aufgaben:

- Kontrolle und Analyse des Umlagerungsvorganges vor und nach dem Vortrieb
- Grundlage für die Abstimmung der Bemessung des Ausbaues
- Beweissicherung
- Weiterentwicklung des modernen Tunnelbaues

1.1. Kontrolle und Analyse des Umlagerungsvorganges

Die wesentlichste Aufgabe der Messungen ist die Kontrolle der Druckumlagerung und des Entspannungsvorganges im Zuge des Vortriebes. Die Kontrolle durch die Messungen bietet nicht nur den Vorteil, ständig über Größenordnung und Geschwindigkeit des Umlagerungs- und Entspannungsprozesses informiert zu sein, sondern auch rechtzeitig die erforderlichen Maßnahmen zur Erzielung des dauernden Gleichgewichtes ableiten zu können.

Zu kontrollieren sind folgende Umlagerungserscheinungen:

- Setzungen obertag
- Ausbreitung der Setzungsmulde
- Firstsetzungen untertag
- horizontale, vertikale und diagonale Konvergenzen
- Hebung der Sohle
- Beobachtung der Gebirgsauflockerung um den Hohlraum
- tangentiale und radiale Druckentwicklung
- vorauseilende Verformung vor dem Vortrieb (Vorverformung/Vorentspannung)
- Einfluß benachbarter Vortriebe

Zu den Verformungsmessungen zählen weiters die Extensometermessungen untertag, mit Einfach- oder Mehrfachextensometern, um einen differenzierten Aufschluß über das Verformungsverhalten der Hohlraumumgebung zu gewinnen. Im besonderen geben sie über den Grad der Auflockerung um den Hohlraum Aufschluß.

Von großem Interesse sowohl für die Kontrolle der Bemessung, sei sie nun empirisch oder analytisch angesetzt worden, als auch für die Beobachtung der Druckentwicklung um den Hohlraum ist die Messung der radialen Kontaktspannungen zwischen dem Außenring und dem Gebirge und der tangentialen Betondruckspannungen im Außenring selbst. Im Vergleich der gemessenen Drücke mit den Verformungen läßt sich beispielsweise beurteilen, ob der Ausbau zu steif oder zu weich oder passend dimensioniert ist.

Die Messungen ermöglichen auch eine Aufteilung der Oberflächensetzungen auf mehrere Einflüsse, wie Vortrieb, Grundwasserabsenkung und geologische Einflüsse. Gerade im Falle der Baulose 9 und 18.2 mit umfassender

Grundwasserabsenkung und Grundwasserentspannung brachte die geodätische Kontrolle der Oberflächenpunkte kombiniert mit den Mehrfachextensometern eine echte Unterscheidung zwischen den Setzungen aus der Grundwasserabsenkung und den Setzungen aus dem Vortriebsablauf. An der Nordwestecke des Marionettentheaters (Meßpunkt 27) konnten stärkere Setzungen als sonst in diesem Bereich registriert werden, die eher von der geologischen Struktur (Auenlehm, Bachschlick) im Sohlbereich des Bauwerkes herrührten.

1.2. Grundlage für die Abstimmung der Bemessung des Ausbaues

Im Gegensatz zu mittleren bis langen Gebirgstunneln ist der Einfluß der Meßergebnisse auf die Dimensionierung des Ausbaues meist nur ein mittelbarer. Es bedarf einer Mindestlänge des Vortriebsabschnittes, um entsprechend der Beobachtungszeit und der Anzahl der Meßstellen eine Aussage, beispielsweise über die Verringerung oder die Verstärkung eines Ausbaues, machen zu können. Desgleichen erfordert die Verarbeitung der Meßergebnisse in analytischen Berechnungen und den dazugehörigen Bemessungen ein gewisses Ausmaß an Zeit.

Im Falle der Baulose 9 und 18.2, die zusammenhängend nacheinander aufgefahren wurden, stand diese Zeit zur Verfügung. Die Meßergebnisse aus dem Los 9 konnten bereits zu Beginn des Loses 18.2 in die Untersuchungen und Berechnungen eingebaut werden (siehe Beitrag 4).

Zu einem erheblichen Teil dienen die Meßergebnisse der Weiterentwicklung der Bauweise und kommen darüber hinaus den zeitlich nachfolgenden Baulosen eines Bereiches mit geologisch ähnlichen Verhältnissen zugute.

1.3. Beweissicherung

Die Oberflächenbeobachtungen stellen im städtischen Bereich im Rahmen der Beweissicherung eine wertvolle Hilfe dar. Die zahlreichen, quer zur Tunnelachse bzw. über den Längsachsen verlaufenden Meßketten bilden eine wertvolle Hilfe bei der Beurteilung etwaiger Setzungsschäden an Objekten aller Art der Oberfläche. Andererseits bringen die zahlreichen Meßpunkte, welche über die ganze Bebauung verstreut angeordnet sind, zusätzliche, wertvolle Angaben über die Umlagerungsbewegung und ihren Einfluß auf die Geländeoberfläche.

1.4. Weiterentwicklung des modernen Tunnelbaues

Wie schon unter Punkt 1.2 erwähnt, bringen die Meßergebnisse nicht nur Vorteile für die Bemessung eines konkreten Bauwerkes, sondern liefern darüber hinaus für die Weiterentwicklung der Bauweise wertvolle Unterlagen. Eine Weiterentwicklung der analytischen Berechnungsmethoden (siehe Beitrag 4) ist nur gestützt auf intensive Messungen denkbar, sie stellen den Bezug zur Wirklichkeit her.

2. Meßprogramme für die Lose 9 und 18.2

2.1. Übersicht

Die Sondervorschläge für die Baulose 9 und 18.2 sahen je ein umfangreiches Meßprogramm vor, davon soll eines im folgenden Teil in seinen wesentlichen Zügen beschrieben werden. Die Abb. 1 und 2 geben einen Überblick über die Austeilung der Meßquerschnitte und deren abgestufte Ausstattung.

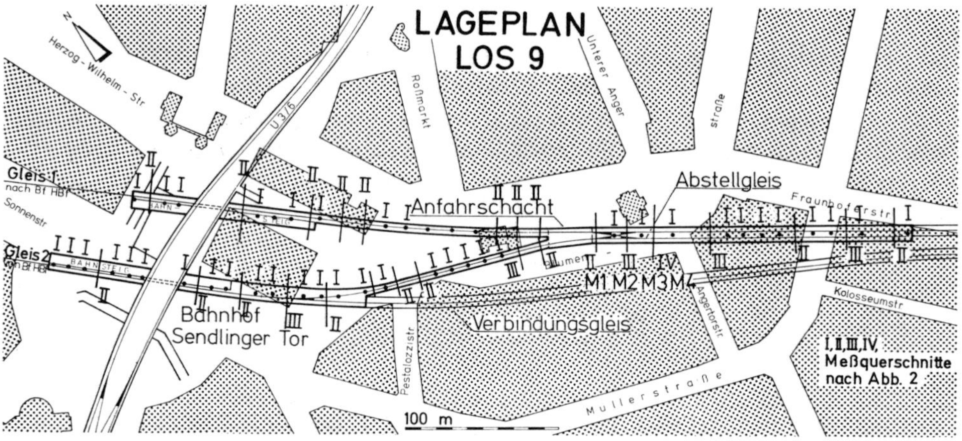

Abb. 1. Lageplan, Austeilung der Meßquerschnitte

Layout of the location—distribution of the measuring cross sections

Wie Abb. 1 im Lageplan zeigt, besteht das Meßprogramm in einer Austeilung von Meßstellen und Meßquerschnitten in annähernd gleichmäßigem Rhythmus, wobei sich die Meßquerschnitte obertag mit jenen untertag decken. Damit ist der Zusammenhang von Obertag- und Untertag-Messungen hergestellt und eine gemeinsame Interpretation möglich. Entsprechend Abb. 2, welche das Schema der Meßeinrichtungen in den einzelnen Querschnitten angibt, wurden vier Querschnittstypen (I, II, III, IV) entworfen und entsprechend ihrem Gewicht für die spätere Aussage mehr oder weniger reich ausgestattet.

Der Querschnittstyp I stellt die einfachste Meßstelle dar, sie bedeutet für obertag einen geodätisch zu messenden Nivellementpunkt über der Achse der Tunnelröhre und untertag einen geodätisch zu messenden Firstbolzen. Dieser Querschnittstyp sah untertag auch geodätische Meßkontrollen der Sohle vor, diese Meßstellen wurden jedoch aus betrieblichen Gründen (laufende Beschädigung, starke Behinderung im Betrieb) nicht durchgehend beobachtet.

Die Querschnittstype II enthält alle Messungen des Typs I und zusätzlich zwei horizontale Konvergenz-Meßstrecken für die Kalotte und den Sohlbereich.

Der Querschnittstyp III enthält den Typ II sowie zusätzlich zwei Zweifachextensometer, die nach Erfordernis zum Einsatz gebracht werden.

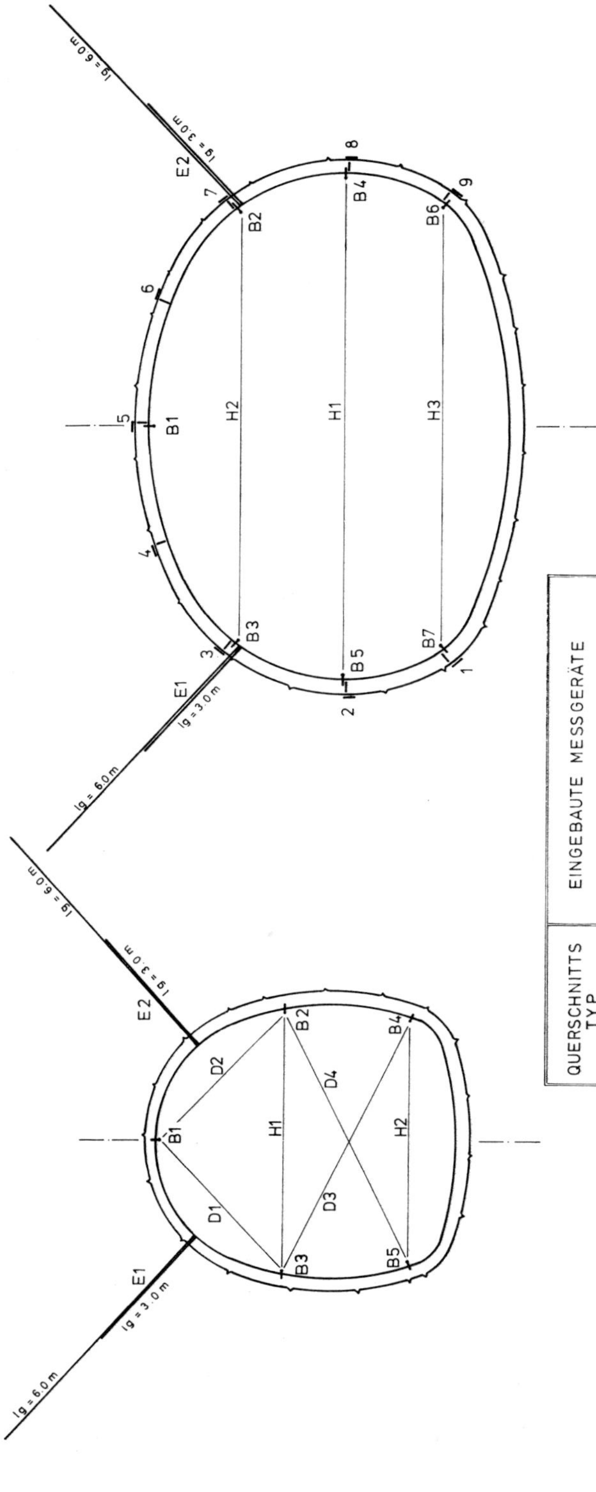

QUERSCHNITTS TYP	EINGEBAUTE MESSGERÄTE
I	MESSBOLZEN ZUR GEODÄTISCHEN KONTROLLE DER FIRSTE B1
II	WIE TYP I + KONVERGENZEN H1, H2
III	WIE TYP II + ZWEIFACHEXTENSOMETER E1, E2
IV	WIE TYP III + DRUCKMESSDOSENPAARE NR. 1÷9 (RADIAL U. TANGENTIAL)

Abb. 2. Schema der Meßeinrichtungen, eingleisige und zweigleisige Röhren
Diagram of the measuring equipment, single-track and double-track tubes

Meßquerschnittstype IV enthält den Typ III und dazu radial und tangential angeordnete Druckmeßdosen.

Über diese Grundtypen hinaus wurden in besonders interessanten Querschnitten auch die diagonalen Konvergenzen, die Ankervorspannung oder mittels Dehnungsmeßgebern die Belastung der Tunnelbögen gemessen.

Das Routineprogramm besitzt folgenden Aufbau:

2.2. Messungen obertag

2.2.1 Geodätische Setzungsmessungen, zur Beobachtung von Setzungsmulden und Einzelpunkten

2.2.2 Setzungsmessungen durch Mehrfachextensometer (Setzungspegel), an Einzelpunkten oder in Setzungsmulden

2.3. Messungen untertag

2.3.1 Firstsetzungen in Teilquerschnitten und Endquerschnitten, das heißt kleine Kalotte der Ulmenstollen, große Kalotte des Endquerschnittes, fallweise Messung der Sohle

2.3.2 Konvergenzmessungen, horizontal und diagonal

2.3.3 Extensometermessungen (Zweifachstangenextensometer)

2.3.4 Druckmessungen, radial und tangential

Das Programm enthielt ursprünglich auch Kontrollen der Sohlhebungen, die im Verlauf der Bauzeit wohl einige Male gemessen wurden, jedoch ohne nachweisbaren Erfolg. Dies lag meist an der Zerstörung der Meßstellen durch den rauhen Baubetrieb und an der geeigneten Meßmethode bzw. dem geeigneten Meßmittel. In künftigen Baulosen sollte man dieser Aufgabe erhöhtes Augenmerk schenken. Es können aber nur Meßmethoden zum Einsatz kommen, die ständig vor Zerstörung gesichert sind.

3. Meßgeräte

Zur Messung der im Meßprogramm angeführten Umlagerungserscheinungen kamen folgende, handelsübliche Meßgeräte zum Einsatz.

- Nivelliergeräte herkömmlicher Art
- Konvergenzbolzen und Invar-Meßband (Fa. Interfels)
- Mehrfachstangenextensometer (Fa. Interfels)
- Druckmeßdosen System Glötzel

Die Messungen ausgeführt haben

- Geodätische-, Extensometer-, Konvergenzmessungen
  Vermessungsbüro Götz, München
- Druckmessungen
  Dipl.-Ing. Helfried Breymann,
  Bautechnische Versuchsanstalt Salzburg
  und
  Fa. Geophysik, München.

4. Auswertungsbeispiele und ihre Bedeutung

4.1. Vorbemerkung

Wegen der Vielzahl der Meßquerschnitte, die im Verlauf der Bauzeit der Baulose 9 und 18.2 durchgemessen wurden, mußte im Rahmen dieser Veröffentlichung eine Auswahl der wichtigsten Ergebnisse getroffen werden. Es wurden jene Meßquerschnitte herausgegriffen, die über das Routinemäßige hinaus für die Interpretation des Umlagerungsvorganges und die Weiterentwicklung der Methode von ausschlaggebender Bedeutung sind.

Obwohl diese besonderen Meßquerschnitte von vornherein für die Zwecke der Bemessung und Weiterentwicklung geplant waren, sind sie mit Rücksicht auf die Konkurrenzfähigkeit des Sondervorschlages durch die zur Verfügung stehenden finanziellen Mittel begrenzt. Die ausgewählten Meßquerschnitte liegen daher in Bereichen der Baulose, die im Hinblick auf ihren Aussagewert für Planung und Ausführung besonders interessierten.

4.2. Meßquerschnitt „M 4" Los 9 (Probestrecke)

Im Rahmen der Probestrecke zum Testen der Bauweise wurde im Bereich ohne Bebauung ein Meßquerschnitt der Type IV installiert mit einer Ausstattung über das routinemäßige Maß hinaus.

Da es im Rahmen der 60 m langen Probestrecke vornehmlich um den Setzungseinfluß des Vortriebes auf die Geländeoberfläche und die angrenzende Bebauung ging, wurde obertag bei Station 38,27 eine quer zur Tunnelachse verlaufende Meßkette mit drei Mehrfachextensometern und Nivellementpunkten in der gleichen Ebene angeordnet. Der Meßquerschnitt M 4 untertag bei Station 38,25 korrespondiert mit dem Meßquerschnitt obertag bei Station 38,27.

Die ersten wesentlichen Aufschlüsse über die Auswirkung der Vortriebsarbeiten brachte der Meßquerschnitt M 4, obwohl die davorliegenden Meßquerschnitte M 1 bis M 3 bereits die Tendenz ankündigten. Es sind dies die Größenordnung der Setzungen, der zeitliche Verlauf in Verbindung mit den einzelnen Teilvortrieben und die Aufteilung der Setzungsbeträge auf den Anteil Grundwasserabsenkung und den Anteil Vortrieb. Der Größenordnung nach erreichten die endgültigen Gesamtsetzungen Werte um 20 mm. Außerhalb der Probestrecke stiegen diese Werte vereinzelt auf 25 bis 28 mm ohne schädliche Auswirkung auf die benachbarte oder unterfahrene Bebauung.

Da die Grundwasserabsenkung mit einem zeitlichen Vorlauf von etwa 3—4 Monaten vor Beginn des Vortriebes einsetzte, konnte der Einfluß der Grundwasserabsenkung gut erfaßt werden. Wie schon früher geschildert, wurde der große Querschnitt der Probestrecke (Abstellgleis) in drei Ausbauphasen aufgefahren.

Die erste Ausbauphase, voreilender Seitenstollen, brachte rund 6 mm der Gesamtsetzung. Es muß jedoch gleichzeitig bemerkt werden, daß im Zeitraum unmittelbar vor Beginn des Seitenstollenvortriebs im Meßquerschnitt M 4 in der Grundwasserabsenkung der Vakuumbetrieb zugeschaltet wurde, der eine bemerkenswerte Beschleunigung in der Absenkung der Grundwasserlinie

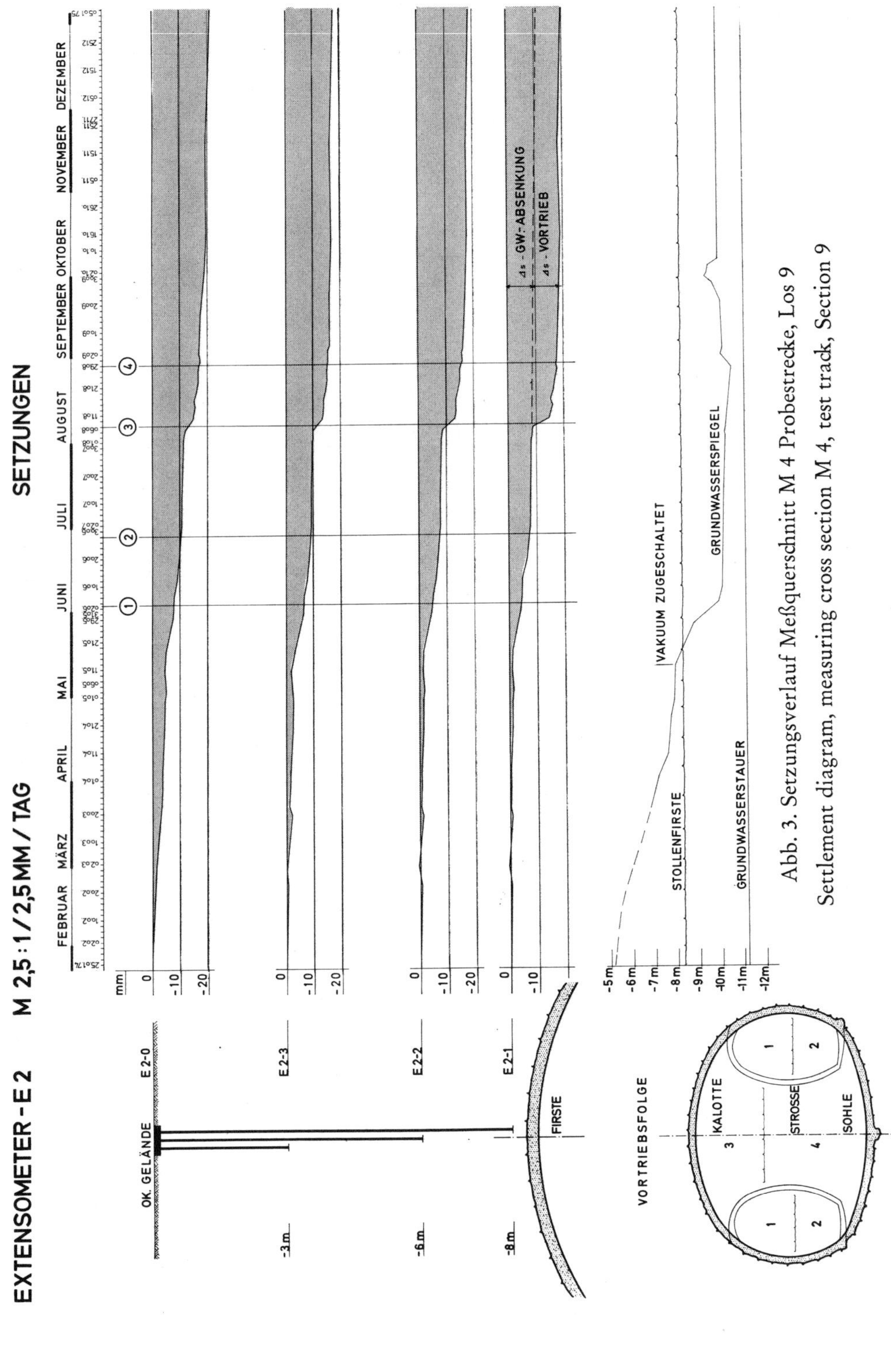

Abb. 3. Setzungsverlauf Meßquerschnitt M 4 Probestrecke, Los 9

Settlement diagram, measuring cross section M 4, test track, Section 9

unter die Firste brachte. Den augenscheinlichsten Einfluß auf den Setzungsverlauf zeigt der Vortrieb der großen Kalotte (Bauphase 2) mit einem Betrag von 7 mm, der sich in einem Zeitraum von rund einer Woche einstellte. Von da ab zeigt der Verlauf nur eine schwache Zunahme der Setzungsbewegungen bis zum Abtrag der Strosse in der dritten Ausbauphase und dem Einbringen der Sohle. Letztere Bauphase hinterläßt im Bild des zeitlichen Verlaufes keine hervorstechenden Änderungen. Nach dem Sohlschluß wird wohl ein gewisses Nachkriechen der Bewegung registriert, bringt jedoch keine nennenswerten Beträge mehr. Im Beobachtungszeitraum über ein Jahr nach Sohlschluß werden nur noch rund 2 mm Zunahme beobachtet, was bedeutet, daß sich dauerndes Gleichgewicht eingestellt hat.

Als weiteres, wichtiges Ergebnis dieses Meßquerschnittes muß die Aufteilung der Gesamtsetzung auf einen Anteil aus Grundwasserabsenkung und einen Anteil aus Vortrieb mit je 50 % vermerkt werden.

Interessant sind auch die Ergebnisse der horizontalen Konvergenzmessungen, die gleichfalls den drei Ausbauphasen folgen. Dabei zeigt sich, daß beim Öffnen der Seitenstollen entsprechend ihrer stehenden, elliptischen Form der Anteil der horizontalen Konvergenz überwiegt und Werte von 10 bis 12 mm erreicht. Eine Bestätigung der Aufteilung der Gesamtsetzung bringen unter anderem die Nivellementpunkte der Oberfläche über der Achse, außerhalb des Meßquerschnittes M 4, die ohne Einfluß der Grundwasserabsenkung gemessen wurden. Ihre Gesamtsetzung von rund 10 mm stimmt gut mit dem Anteil aus Vortrieb des Meßquerschnittes M 4 überein.

4.3. Versuchsstrecke über den Einfluß der Ankervorspannung, Los 18.2 Gleis 1

Der Versuchsstrecke im Bereich der Sonnenstraße war die Aufgabe gestellt, anhand von Extensometermessungen obertag und Konvergenzmessungen untertag sowie Messungen der Ankervorspannungen nachzuweisen, welchen Einfluß die Ankervorspannung auf die Größenordnung der Setzung hat. Zu diesem Zwecke wurde gemäß Abb. 4 eine Austeilung der Setzungspegel bzw. der Meßquerschnitte untertag vorgenommen. Jeder Querschnittsbereich erfaßte etwa einen Röhrenabschnitt von 15 m Länge. Auf diese Weise sollte garantiert werden, daß keine gegenseitige Beeinflussung stattfindet. Der effektive Abstand der einzelnen Meßquerschnitte MQ 1 mit E 0, MQ 2 mit E 1 und MQ 3 mit E 2 beträgt 13,5 bzw. 12,5 m; untertag ist der MQ 1 mit M 20, MQ 2 mit M 21 und MQ 3 mit M 22 identisch.

Das Meßprogramm sah für den Meßquerschnitt MQ 1 eine Ankervorspannung mit 100 % (10 Mp), für MQ 2 eine mit 50 % (5 Mp) und MQ 3 eine mit 20 (2 Mp) vor.

Ursprünglich war für MQ 3 eine Vorspannung von 0 % vorgesehen, sie wurde jedoch auf 20 % angehoben zur Verminderung eines vermeintlichen Setzungsrisikos.

Der Anteil der Setzung obertag an der Gesamtsetzung der Firste beträgt rund 80 %, das heißt, daß 20 % der Gesamtsetzung nicht die Oberfläche erreichen, sondern von der Überdeckung aufgenommen werden. Der Unterschied der Setzungsendbeträge zwischen MQ 1 mit 100 % Vorspannung und

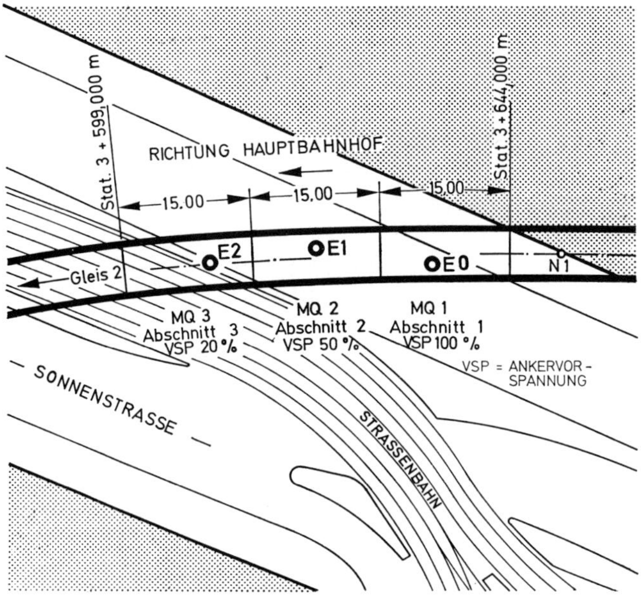

Abb. 4. Lageplan Versuchsstrecke Sonnenstraße, Austeilung der Meßquerschnitte MQ 1 bis MQ 3

Layout of the location, test track Sonnenstrasse—distribution of the measuring cross sections MQ 1 to MQ 3

MQ 3 mit 20 % Vorspannung beträgt rund 2 mm, wobei MQ 3 einen Absolutbetrag von 8 mm und MQ 1 einen Absolutbetrag von rund 6 mm Endsetzung erreicht.

In diesem Differenzbetrag äußert sich zwar zahlenmäßig ein Einfluß zugunsten der höheren Vorspannung, die Absolutbeträge sind jedoch so gering, daß es schwerfällt, diesen Unterschied als eindeutigen Effekt der Ankervorspannung zu werten.

An anderer Stelle, wo die Ankeranzahl von ursprünglich neun auf vier je Querschnitt reduziert wurde, fielen etwa die gleichen Setzungsbeträge wie in der Versuchsstrecke an.

Gewiß erscheint eine Meßserie zuwenig, um über die setzungsmindernde Wirkung vorgespannter Anker im flachliegenden Tunnelbau endgültig Aufschluß zu geben.

Die geringen Absolutbeträge rechtfertigen aber trotzdem eine Reduktion der Ankeranzahl für die eingleisigen Tunnelröhren.

Besonders zu vermerken ist, daß sich einheitlich bei allen drei Meßquerschnitten sämtliche Meßstrecken verkürzen. Da hier nicht nur die horizontalen Konvergenzen H 1 und H 2, sondern auch die Diagonalkonvergenzen D 1 bis

---

Abb. 5. Verformungen Meßquerschnitte MQ 1, Setzungspegel und Konvergenzen

Deformations of the measuring cross sections MQ 1, settlement level and convergences

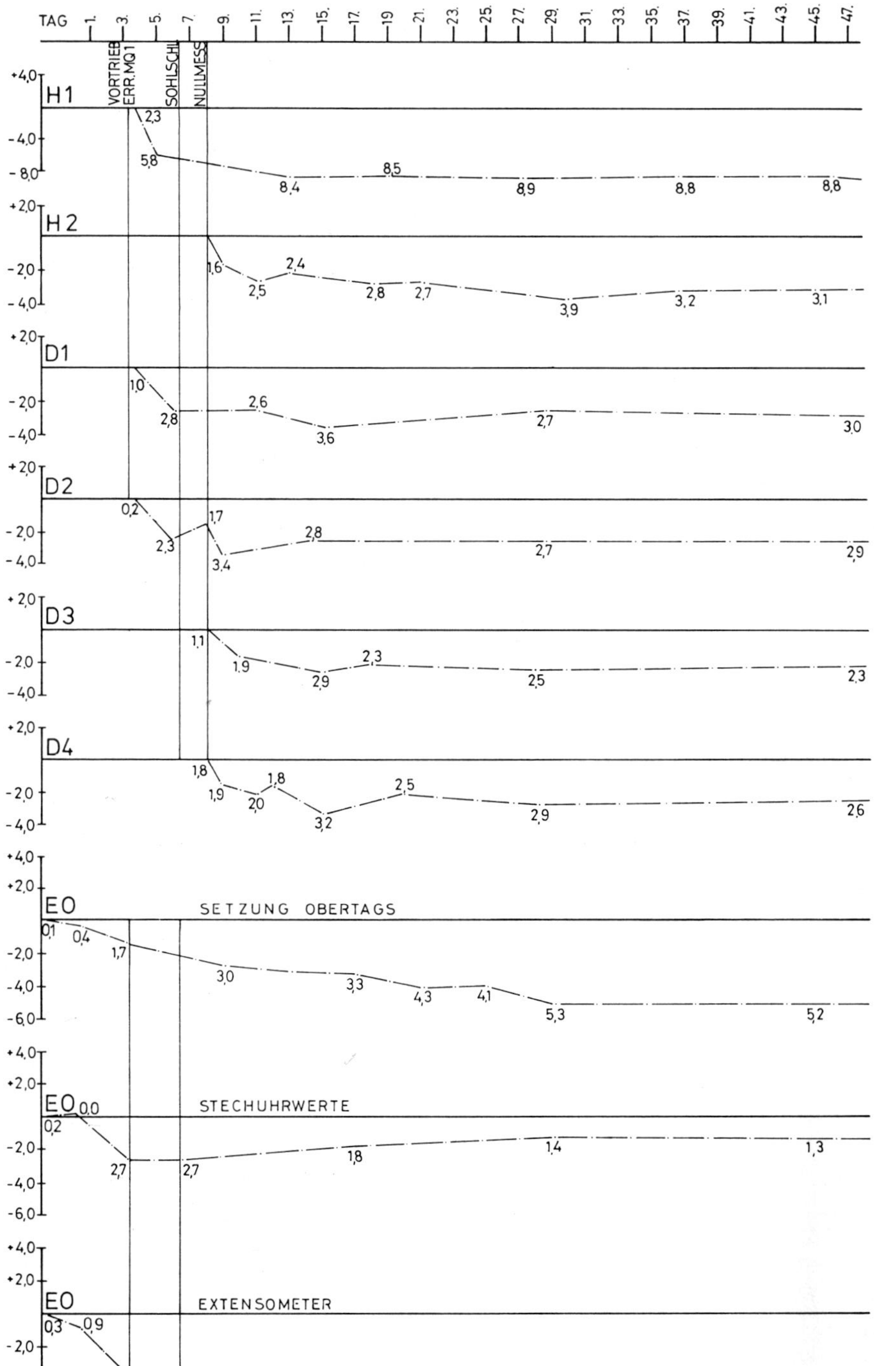
TAG
VORTRIEB ERR. MQ1
SOHLSCHL
NULLMESS
H1
H2
D1
D2
D3
D4
EO
SETZUNG OBERTAGS
EO
STECHUHRWERTE
EO
EXTENSOMETER

D 4 gemessen wurden bzw. sogar der Abstand zwischen First und Sohle, läßt sich daraus eine annähernd konzentrische Verkleinerung des Tunnelhohlraumes ablesen. Dies deutet weiters auf die Verformungswilligkeit des frischen Spritzbetons im Anfangsstadium hin.

Unter der Entwicklung des Umlagerungsdruckes im Gebirge erlebt der frische Außenring eine Ringverkürzung. Von den Beträgen her überwiegen die Strecken H 1 in Höhe des Kalottenfußes, gefolgt von den Meßstrecken H 2 im Ulmen- bzw. Sohlbereich.

Für alle Konvergenzmessungen gilt natürlich der Nachteil, daß die Vorsetzung nicht erfaßt werden kann. Die vertikale Konvergenzmeßstrecke zwischen Firste und Sohle zeigt in zwei Fällen eine Setzung, in einem Fall eine Hebung. Da die Beträge sehr gering sind, kann nicht unterschieden werden, wie weit es sich hier um echte Meßwerte handelt. Außerdem standen diese Meßpunkte ständig unter der Einwirkung des darüberrollenden Bauverkehrs. Es darf eher angenommen werden, daß es sich um Hebungen handelt, was ein Vergleich mit gemessenen Hebungen in der Harfe bestätigt und dem Entspannungsablauf eher entspricht.

Zur Kontrolle der Ankervorspannung in den Meßquerschnitten MQ 1 bis 3

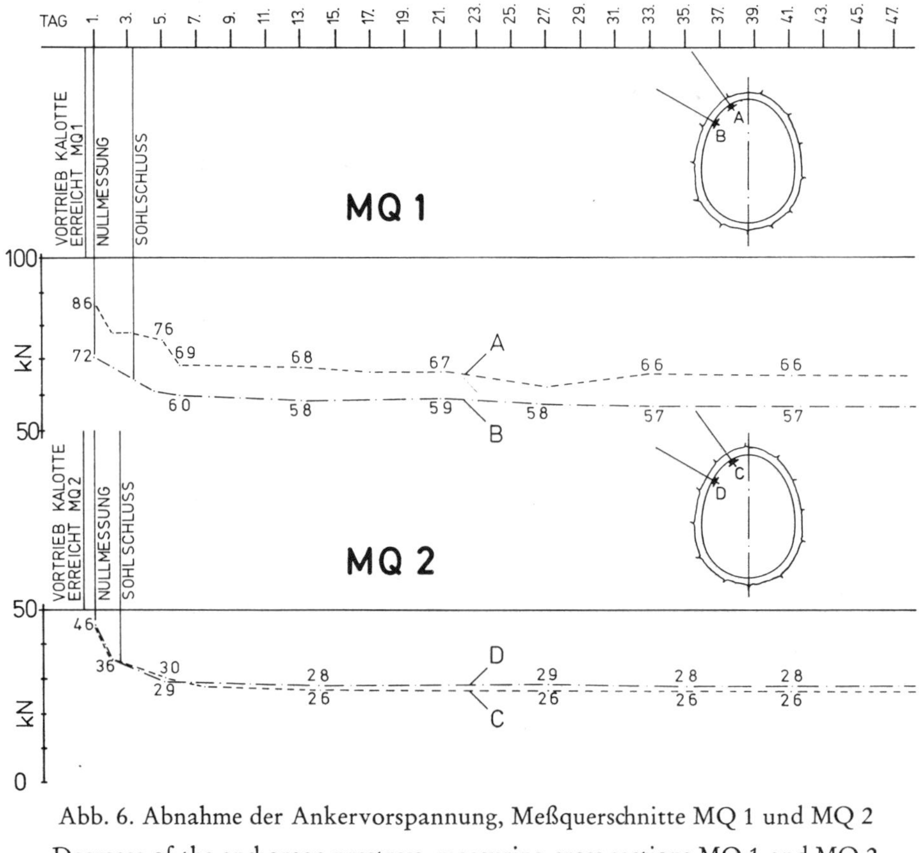

Abb. 6. Abnahme der Ankervorspannung, Meßquerschnitte MQ 1 und MQ 2

Decrease of the anchorage prestress, measuring cross sections MQ 1 and MQ 2

wurden im Kalottenbereich je zwei Anker mittels Spannungsmeßteller besetzt. Im Meßquerschnitt M 1 war eine Sollvorspannung von 100 kN (10 t), in MQ 2 eine von 50 kN (5 t) und in MQ 3 eine von 20 kN (2 t) vorgegeben. Die Nullmessung konnte rund 90 % der Vorspannung registrieren, anschließend erfolgte ein sehr rascher Abfall der Vorspannung in rund sechs Tagen auf etwa 50 bis 65 % der Sollvorspannung. Über den langen Meßzeitraum von mehreren Monaten verbleibt dann diese Restspannung ohne nennenswerten Abfall. Die Gründe für die Abnahme der Ankervorspannung dürfen einerseits im Kriechen der Ankerhaftstrecke, andererseits aber auch in der Entspannungsbewegung des Gebirges in den Hohlraum hinein gesehen werden.

4.4. Meßquerschnitt MQ 4 bei Station 81,7 im Gleis 2 unter dem Mathildenstift

Mit Meßquerschnitt MQ 4 war beabsichtigt, über die normalen Routinemessungen hinaus genauere Aufschlüsse über den zeitlichen Setzungsverlauf der Firste sowie der darüberliegenden Erdoberfläche und insbesondere der

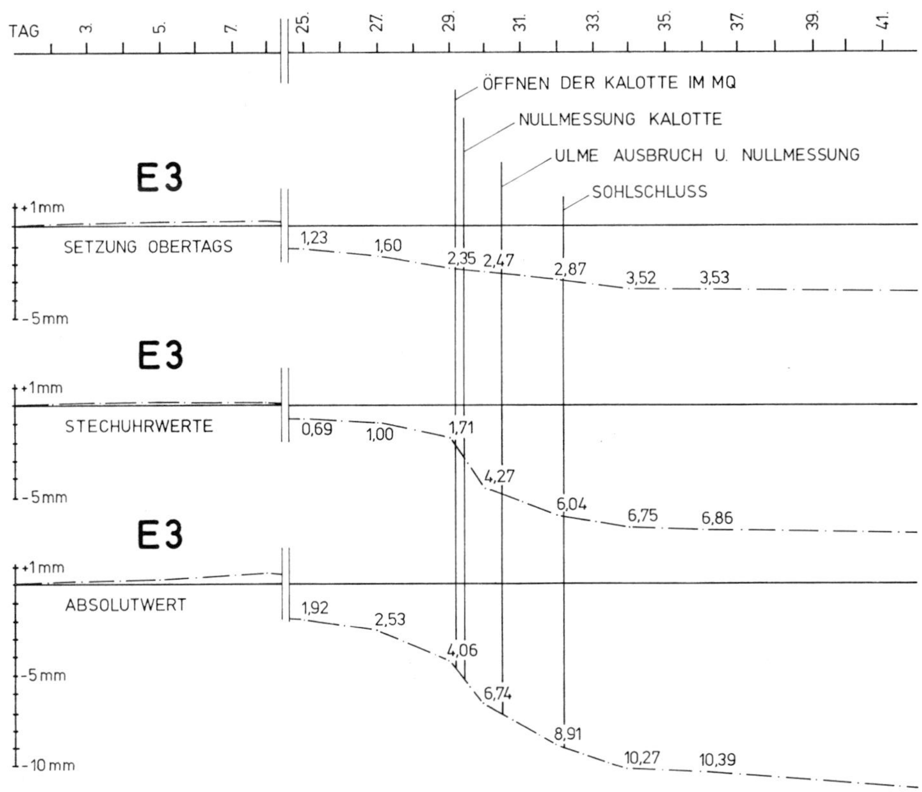

Abb. 7. Setzungspegel im Meßquerschnitt MQ 4, Absolutwerte der Oberflächen- und Firstsetzung Gleis 2

Settlement level in measuring cross section MQ 4, absolute values of surface and roof settlement track two

Druckentwicklung in und um den Ausbau infolge der Hohlraumentspannung zu erhalten. Die Ergebnisse der Messungen im Meßquerschnitt MQ 4 hatten einen wesentlichen Einfluß auf die statischen Berechnungen und Nachweise über die Standsicherheit des Hohlraumes. Die Ergebnisse der Konvergenzmessungen untertag brachten im wesentlichen eine Bestätigung des Verhaltens der Hohlraumverformung in den Meßquerschnitten MQ 1 bis 3, wobei auch die Größenordnung der Verformungsbeträge gut übereinstimmten.

Das Ergebnis der Setzungsmessungen über den Extensometer obertag ist in Abb. 7 aufgetragen. Der Verlauf der Meßkurve konnte hier besonders präzise erfaßt werden und gibt entsprechend der Überlagerung von rund 22 m einen guten Einblick in die Verteilung der Setzung von der Firste bis an die Oberfläche. Die an der Oberfläche ankommende Setzung beträgt rund 36 % jener der Gesamtsetzung der Firste. Trotz des geringen Vorlaufes von nur einem Monat konnte der Einfluß der Grundwasserentspannung im zweiten Grundwasserstockwerk auf den Setzungsvorgang mitregistriert werden. Da die ersten drei Messungen nahezu gleiche Werte liefern und bei Null liegen, darf angenommen werden, daß die erfaßte Setzung aus der Grundwasserentspannung der Absolutbetrag bis zum Eintreffen des Vortriebes im Meßquerschnitt ist.

Bei weiterer Betrachtung der Summenkurve nach dem Sohlschluß kann man noch eine weitere Zunahme der Setzungen erkennen, deren Größenordnung etwa der Setzungsgeschwindigkeit der Grundwasserabsenkung gleicht. Es ist daher nicht ausgeschlossen, daß, während der Setzungseinfluß aus dem Vortriebsgeschehen schon beendet ist, der Einfluß der Grundwasserentspannung noch einige Zeit weiter wirkt. Der Anteil der Setzung aus der Grundwasserentspannung beträgt 30 bis 40 % der Gesamtsetzung.

Im Bereich des Vortriebes betrug der Setzungsbetrag aus den Vortriebsarbeiten rund 7 mm, die Vorsetzung machte rund 3 mm aus. Der Anteil der Nachsetzung nach Sohlschluß liegt bei rund 2 mm. Die effektive Vorsetzung aus dem Vortriebsgeschehen beträgt etwa 40 % der Gesamtsetzung aus diesem Titel. Der Endsetzungsbetrag der Firste mit rund 12 mm entspricht von der Größenordnung her vollauf den Erwartungen.

Nimmt man von den 4,3 mm Gesamtsetzung obertag rund 2 mm als Anteil für die Grundwasserentspannung weg, so kommt im Vergleich mit dem Endsetzungsbetrag von 8 mm als Folge des Vortriebes etwa ein Viertel der Verformung infolge Hohlraumausbruches an der Oberfläche an, der Restteil wird vom Deckgebirge kompensiert.

Im Vergleich mit den gleichartigen Messungen MQ 1 bis MQ 3 im Bereich Sonnenstraße springt der erhebliche Unterschied im Durchschlagen der Setzung aus dem Firstniveau zur Oberfläche von rund 80 % zu rund 40 % besonders ins Auge. Dieses Verhalten erklärt sich aus der tiefen Lage der Tunnelröhre im Meßquerschnitt MQ 4.

Gebirgsdruckmessungen in MQ 4

Mit zehn Dosenpaaren wurden die radialen Gebirgsdrücke an der Kontaktfläche zwischen Spritzbeton und Gebirge sowie die tangentialen Spannungen (Normalspannungen) im Spritzbeton-Außenring beobachtet. Darüber

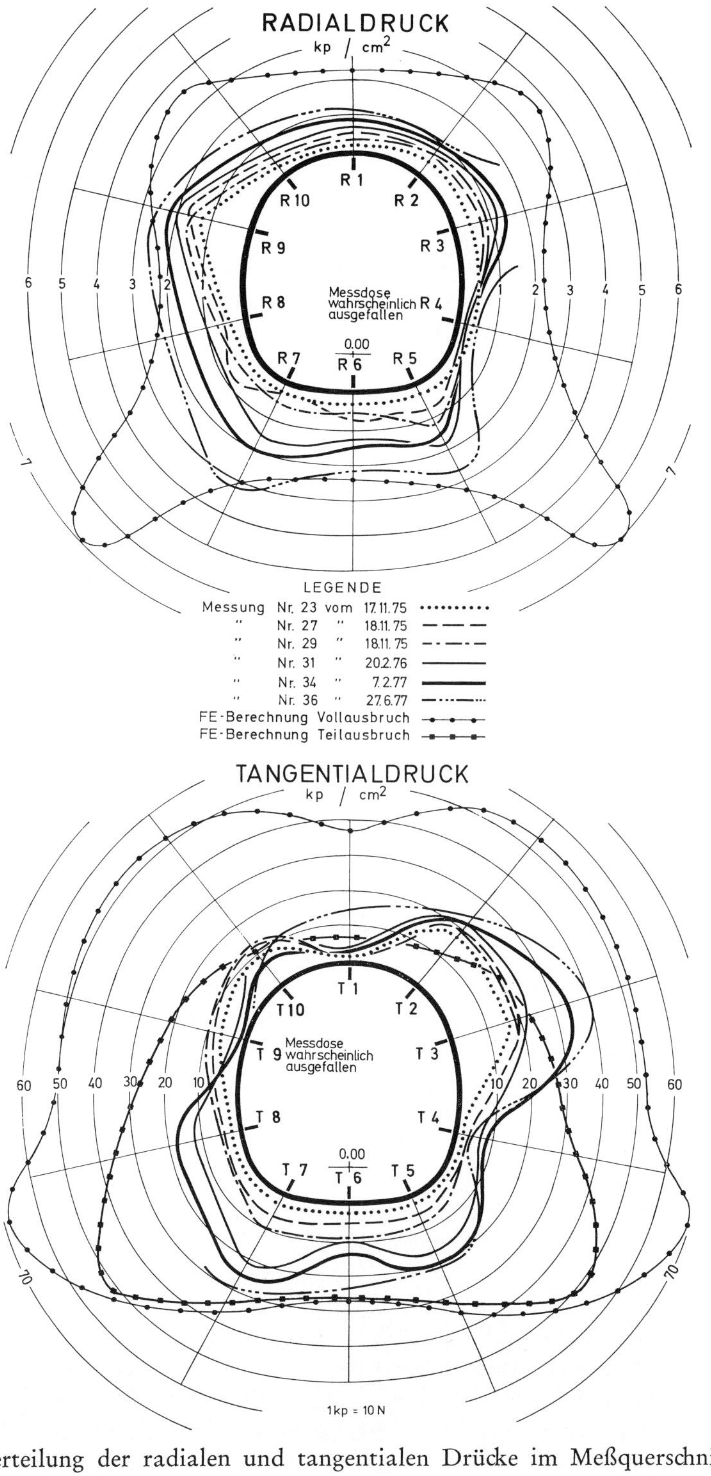

Abb. 8. Verteilung der radialen und tangentialen Drücke im Meßquerschnitt MQ 4
Distribution of the radial and tangential pressures in measuring cross section MQ 4

hinaus entschloß man sich, erstmalig auch den Aufstandsdruck des voreilenden Kalottengewölbes über vier Erddruckdosen zu erfassen.

Eine Übersicht über die Verteilung um den Querschnitt gibt Abb. 8, in ihm sind neben den Meßwerten auch die Rechenwerte aus der Finiten-Elementen-Rechnung aufgetragen. Daraus ist zu erkennen, daß die Meßwerte gegenüber den Rechenwerten wesentlich tiefer liegen. Die Rechenwerte, die der Bemessung zugrunde liegen, wurden bei den Radialspannungen nur in einem Fall, bei der Dose R 9, erreicht. Die Form der Verteilung läßt eine gewisse Symmetrie erkennen. Wenn man annimmt, daß die radiale Druckdose R 4, die leider ausgefallen ist, etwa die gleichen Werte hat wie R 8, so ergibt sich etwas verschoben ein annähernd symmetrisches Bild der Druckverteilung. Typisch sind hier auch die auftretenden Spannungsspitzen im Bereich der Diagonalen des Querschnittes. Der Größenordnung nach liegen die radialen Drücke im Mittel bei einem Wert von etwa 15 N/cm² (1,5 kg/cm²), was durchaus den Erwartungen und Erfahrungen entspricht. Der zeitliche Verlauf der Druckentwicklung weist zwischen der 31. und 32. Messung nochmals einen unbedeutenden Anstieg der Werte auf, der bei der 34. Messung wieder etwas abnimmt. Der Verlauf zwischen der 32. Messung am 5. 8. 1976 und der 34. am 7. 2. 1977 läßt dann eine Beruhigung erkennen. Inzwischen ist an dieser Stelle das Innengewölbe eingezogen worden, und weitere Messungen stehen noch aus.

Die Entwicklung der Tangentialspannungen zeigt ein ähnliches Bild wie die radialen Spannungen. Zwischen der 29. und 32. Messung ist eine etwas stärkere Zunahme im Ulmen- und Sohlenbereich zu erkennen, während dann bis zur 34. Messung praktisch kein weiterer Anstieg vorliegt, womit das Einpendeln des Gleichgewichtes angezeigt wird. Die Spitzenwerte ergeben sich auch hier über den Diagonalen im Querschnitt, sowohl in der Sohle als auch in der Kalotte. Die Meßdose T 9 fiel nach der 21. Messung aus. Es ist jedoch sehr wahrscheinlich, daß T 9 in etwa eine Größenordnung wie T 3 besitzt, wodurch eine verständlichere Verteilung der Tangentialspannung entsteht. Auf die Zulässigkeit dieser Überlegung deutet auch die Größenordnung der Druckdose R 9 der radialen Druckverteilung hin, welche im Bereich der radialen Druckverteilung den Größtwert aufweist.

Entwicklung der Spannungen unter dem Kalottenfuß

Die Entwicklung der Spannungen unter dem Kalottenfuß wurde mit den Erddruckmeßdosen E 1 bis E 4 durchgeführt. Die Ergebnisse der Druckmessungen sind gegenüberliegend je nach Kämpferseite über der Zeit aufgetragen (Abb. 9). Ein schematisches Schnittbild gibt Aufschluß über die Abbaufolge, sie korrespondiert mit dem Vortriebsablauf, der als eigenes Band an der Diagrammoberseite eingetragen ist. Die Dosen sind im Kalottenring 1 eingebaut, hier liegt auch die Nullmessung dieses Bauabschnittes. Zwischen dem Abbau des nächsten Kalottenringes 4 liegt die Fertigstellung des Ulmenteiles 3 und der Sohlschluß über zwei Ringe im Abschnitt 2. Diese beiden Ausbauetappen 2 und 3 zeigen praktisch kaum einen Einfluß auf die Entwicklung der Spannungen, erst nach Öffnen des Kalottenteiles 4 steigen die Spannungen

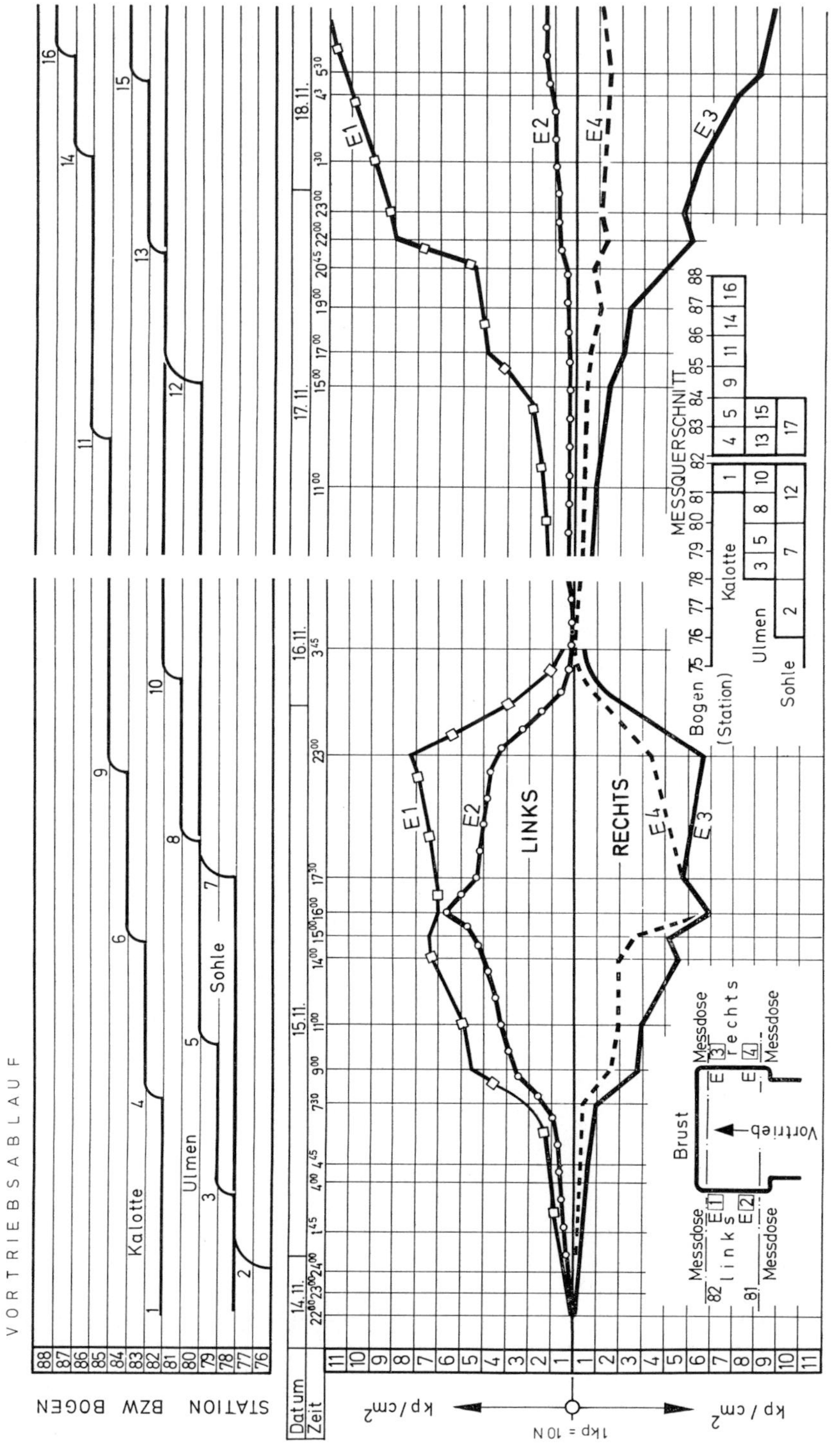

Abb. 9. Verlauf der Druckentwicklung unter dem Kalottenfuß der eingleisigen Röhre im Meßquerschnitt MQ 4

The development of pressure produced under the crown base in the single-track tube in measuring cross section MQ 4

sprungartig an, was auf einen Umlagerungsvorgang bzw. den Überbrückungsvorgang hindeutet. Während der Ring 1 schon fertiggespritzt ist und abgebunden hat, liegt zwischen dem Öffnen des Kalottenabschnittes 1 und 4 etwa ein Zeitraum von rund neun Stunden. In dieser Zeit hat der Spritzbeton im Ring 1 ausreichend Gelegenheit, auf eine ausreichende Festigkeit zu kommen, und ist bereits in der Lage, seine Stützfunktion zu übernehmen. Damit kommt beim Öffnen des Kalottenteiles 4 eine entsprechende Lastumlagerung auf Ring 1 zustande. In weiterer Folge wird dann die Ulme 5 geöffnet, anschließend folgt wieder der Kalottenring 6, der bereits einen flacheren Druckanstieg bringt. Zwischen den Kalottenringen 6 und 9 werden dann die Sohle 7 und der Ulmenteil 8 aufgefahren, sie geben keinen direkt erkennbaren Einfluß auf die weitere Druckentwicklung.

Durch das Öffnen des Ulmenteiles 10 werden die Dosen vollkommen entspannt, ihre Spannungen nehmen erst wieder im Lauf der weiteren Vortriebsarbeiten allmählich zu. Der erste rasche Anstieg ergibt sich beim Öffnen des Sohlteiles 12, der nächste beim Abbau des Ulmenteiles 13. Die Werte der Druckmeßdosen E 1 und E 3 steigen dann weiterhin bis zum endgültigen Sohlschluß im Abschnitt 17 an. Es tritt dann eine wesentliche Verringerung der Spannungszunahme ab der Messung 28 ein. Auch die Messung 29 zeigt keine Erhöhung mehr, erst die Messung 30, die jedoch zeitlich gesehen drei Tage später erfolgt. Auffallend bei der Druckentwicklung ist auch der Umstand, daß die Druckmeßdosen E 1 und E 3, die direkt an der Brust liegen, höhere Werte zeigen als die dahinterliegenden Dosen E 2 und E 4. Es scheint so, daß die vorderen Dosen zuerst von der Druckumlagerung erfaßt werden und damit mehr Last auf sich ziehen. In Längsrichtung gesehen ergibt sich somit eine dreiecksförmige Verteilung der Spannungen unter dem Kalottenfuß.

4.5. Meßergebnisse des viergleisigen Streckenabschnittes (Harfe)

Gemessen wurden auch hier im Bereich der Harfe die Oberflächensetzungen, die Firstsetzungen und Konvergenzen sowie die Entwicklung der tangentialen Spannungen im Ausbau und die radialen Spannungen an der Kontaktfläche zwischen Ausbau und Gebirge.

Zur Begrenzung des Umfanges der Veröffentlichung kann auszugsweise nur auf die Oberflächensetzungen und die Druckentwicklung eingegangen werden.

Oberflächensetzungen

In Abb. 10 ist der Setzungsverlauf eines repräsentativen Punktes über dem Regelquerschnitt RQ I im Gleis 1 und 3 aufgetragen. Dieser Punkt beträgt die Bezeichnung SP 229, er korrespondiert mit dem Meßquerschnitt M 6 untertag, welcher auch mit Druckmeßdosen besetzt ist. Das Diagramm zeigt einen sehr regelmäßigen Setzungsverlauf dieses Punktes an der Oberfläche, jedoch schon mit erheblich größeren Setzungsbeträgen als im Bereich der eingleisigen Strecken. Im März 1976 erreichte dieser Setzungspegel eine Marke von 30 mm.

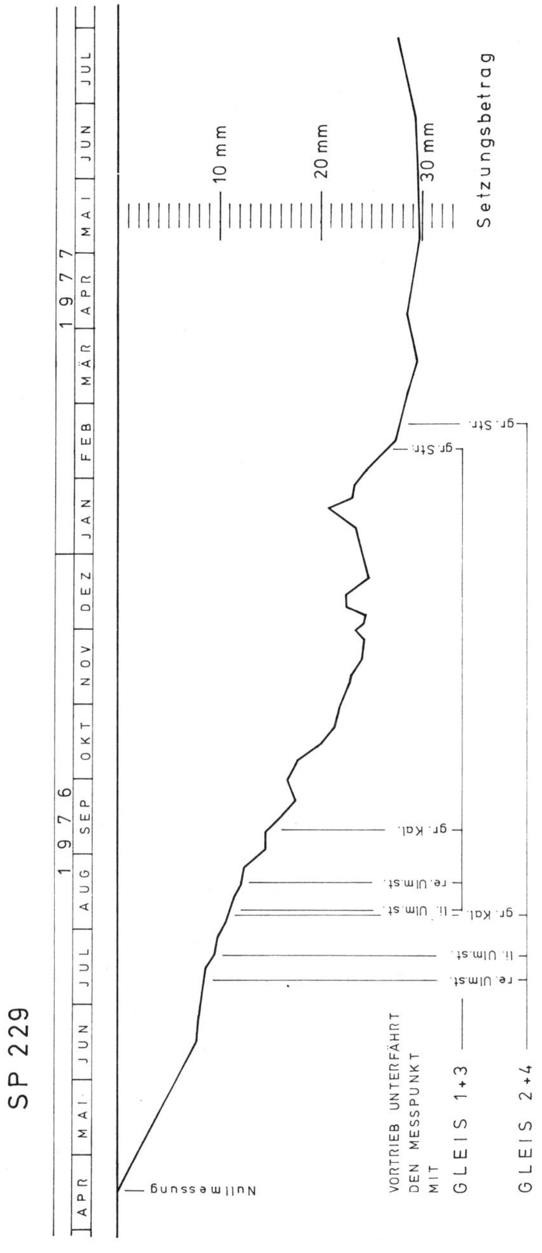

Abb. 10. Setzungsverlauf eines repräsentativen Punktes über der Harfe Regelquerschnitt RQ I

Settlement diagram of a representative point above the so called Harfe, standard cross section RQ 1

In der Adolf-Kolping-Straße verläuft quer über die Regelquerschnitte RQ I, fast unmittelbar über dem Meßquerschnitt M 6, eine Meßkette aus 22 Punkten zur Erfassung der Setzungsmulde über der Harfe. Der Verlauf dieser Setzungsmulde ist mit dem Meßstand vom 1. 10. 1976 aufgetragen und zeigt eine maximale Neigung der Mulde von 0,3 Promille. Die Reichweite beträgt etwa 40 m zu beiden Seiten der Tunnelachsen.

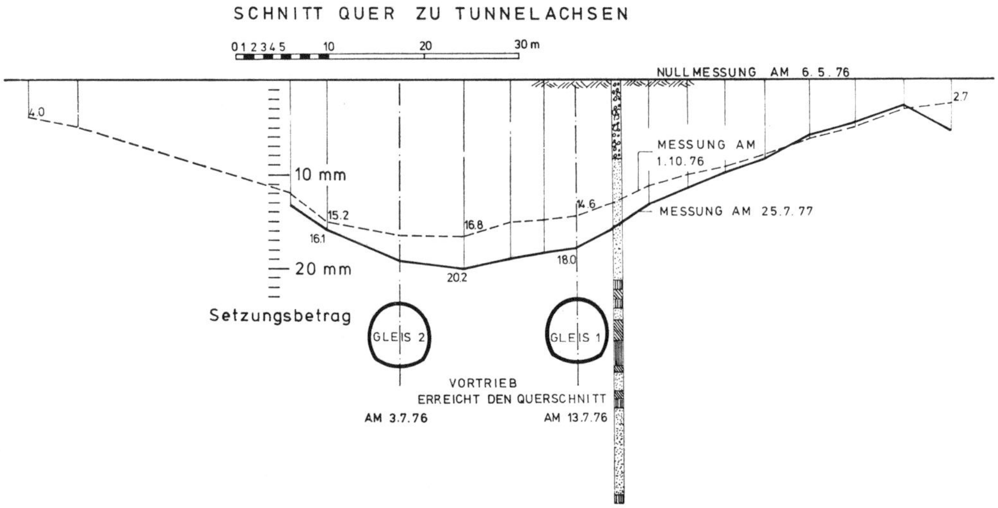

Abb. 11. Setzungsmulde — Adolf-Kolping-Straße über der Harfe

The depression due to settlement—Adolf-Kolping-Strasse, above the so called Harfe

Gebirgsdruckmessungen, Meßquerschnitt M 6

Zur Erfassung der Druckentwicklung um den Ausbau der Hohlräume Regelquerschnitt RQ I wurden im Meßquerschnitt M 6 radiale und tangentiale Druckmeßdosen installiert. Da es sich bei der Auffahrung im Bereich des Meßquerschnittes M 6 um erstmalige Herstellung von zwei großen Querschnitten im knappen Abstand nebeneinander handelte, war auch von Interesse, die Spannungen im Pfeiler zwischen den Hohlräumen zu erkunden. Zu diesem Zweck wurden zwei Meßdosen im Pfeiler des Meßquerschnittes M 6 in einem Bohrloch eingebaut.

Bei der Betrachtung der Spannungsverteilung der radialen Spannungen auf Abb. 12 ist zu erkennen, daß die vom Mittelpfeiler abgewandten Gewölbeschalen relativ geringe Drücke aufweisen. Die Größenordnung hält vorläufig bei 5 bis 10 N/cm^2 (0,5 bis 1 kg/cm^2) radialer Pressung. Ab der Dose 6 in der Kalotte und der Dose 11 in der Sohle nehmen die Beträge von etwa 5 N/cm^2 (0,5 kg/cm^2) in Richtung Dose 3 ständig zu, sie erreichen in den Dosen 5 und 4 bzw. 1 Werte bei 10 N/cm^2 (1 kg/cm^2) und darüber. Der Spitzenwert wird im Bereich des Kalottenfußes in der Meßdose 3 bzw. 7 auf der Gegenseite mit Werten zwischen 60 bis 70 N/cm^2 (6 bis 7 kg/cm^2) erreicht. Die Größenordnung der Meßwerte der rechten Seite, Gleis 1 und 3, werden durch die Kontrollwerte der linken Röhre, Gleis 2 und 4, bestätigt. Besonders verblüffend ist die Symmetrie der Druckspitzenausbildung in den Meßdosen 3 und 7. Eine schlüssige Interpretation dieses Verhaltens der Spannungsverteilung um diese beiden Hohlräume kann im gegenwärtigen Stand der Messungen noch nicht gegeben werden. Es wird noch abgewartet, was die weiteren Messungen dieses Querschnittes über längere Zeit bringen. Von der Länge der Meßdauer her gesehen läßt sich noch nicht eindeutig beurteilen, ob ein endgültiges Gleichgewicht in der Spannungsverteilung erreicht ist oder ob ähnlich wie im Meßquerschnitt MQ 4 Gleis 2 über längere Zeit hinweg die Spannungen durch eine gewisse Kriechumlagerung noch zunehmen werden. Bei der Messung vom 7. 5. 1977 erreicht der Druck in der Meßdose 9 Werte über 60 kg/cm². Dieser Wert weicht derartig von der übrigen Verteilung ab, daß mit Sicherheit ein Defekt in der Druckleitung angenommen werden darf (Verstopfung).

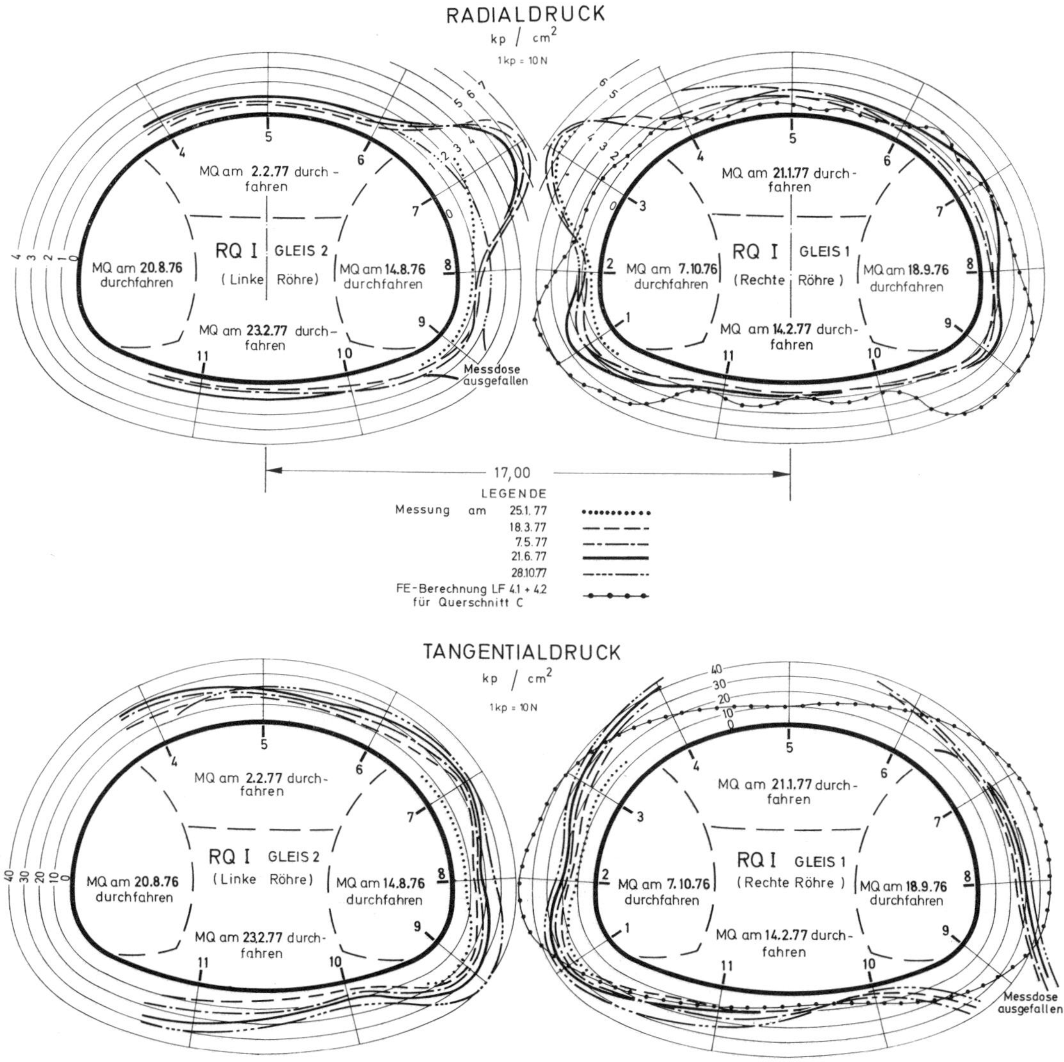

Abb. 12. Verteilung der radialen und tangentialen Drücke im Meßquerschnitt M 6, Harfe

Distribution of the radial and tangential pressures in measuring cross section M 6, so called Harfe

Die Verteilung der Tangentialspannungen auf Abb. 12 zeigt Spannungswerte in der Größenordnung bis zu 400 N/cm² (40 kg/cm²), wobei der Durchschnittswert etwa bei 200 bis 250 N/cm² (20 bis 25 kg/cm²) steht. Leider sind die tangentialen Druckmeßdosen 4, 5 und 9 der rechten Röhre Gleis 1 und 3 defekt und fallen für die Betrachtung aus.

Dafür sind in der linken Röhre die Werte an den entsprechenden Stellen gesichert. Ein Vergleich der gemessenen Druckverteilung beider Röhren läßt eine fast symmetrisch liegende Druckverteilung erkennen. Alle jene Werte, die in der rechten Röhre gute Ergebnisse zeigen, werden durch die Kontrollmessung in der linken Röhre bestätigt. Somit darf auch angenommen werden, daß die ausgefallenen Meßdosen in der Firste der rechten Röhre durch die Werte in der linken Röhre ergänzt werden können, um zu einer geschlossenen Druckverteilung zu gelangen.

5. Kritische Anmerkungen und Hinweise

Messungen sind Bestandteil aller auf den Gedanken der NATM basierenden modernen Tunnelbauweisen. Sie sind Planungs- und Steuerungselement und stehen mit Tragwerksplanung, Baudurchführung und Bauüberwachung in Wechselbeziehung. Sie sind damit aber auch in den allgemeinen Entwicklungsprozeß dieser Bauweisen integriert.

Die in den vorstehend beschriebenen und in anderen Baulosen zwischenzeitlich gewonnenen Erfahrungen lassen es im Münchner U-Bahn-Bau zweckmäßig erscheinen, folgende Anforderungen an Planung und Abwicklung der Messungen zu stellen:

5.1. Bereits der Ausschreibungsentwurf soll das Meßprogramm möglichst umfassend und kalkulierbar in Zeichnung und Beschreibung darstellen

Wenn Sondervorschläge kein Meßprogramm enthalten, sollten sie vom Auftraggeber als nicht vollständig gewertet werden.

Das Meßprogramm soll einerseits eine neutrale Beobachtung des gesamten Baugeschehens in dem von ihm beeinflußten Gebiet ermöglichen, andererseits soll es gezielt der gestellten Aufgabe angepaßt sein.

Es hat sich gezeigt, daß die vom Gebirgstunnelbau bekannten Messungen nicht unbesehen übertragbar sind. Im U-Bahn-Bau ist besonderes Augenmerk der Erfassung der Geländebewegungen und der Gebäudesetzungen zu widmen, was im allgemeinen durch Oberflächennivellements und den Einsatz von Oberflächenextensometern geschieht. Insofern ist auch das, für alle im Einflußbereich liegenden Gebäude, durchzuführende Beweissicherungsverfahren ein Teil des Meßprogramms.

Untertagextensometer und Konvergenzmessungen haben den Nachteil, daß der beträchtliche Anteil der Vorverformung damit nicht erfaßt wird, doch kann zumindest auf letztere als Kontrollmessung nicht verzichtet werden. In besonderen Fällen ist der Einsatz von Deflektometern zu erwägen.

Der Einsatz von Druckmeßdosen bleibt problematisch, doch ist er zur Beobachtung von Tendenzen der radialen und der tangentialen Druckentwicklung notwendig. Wegen der Streuung der Ergebnisse und des Ausfalls von Meßgebern ist es besser, nur wenige Meßquerschnitte mit vielen Meßgebern auszurüsten, als umgekehrt. Die mit dem jeweiligen Meßsystem erreichbare Genauigkeit ist zu beachten. Bei der üblichen Verwendung von Tunnelbögen und Spritzbeton sind neben den Druckmessungen im Beton Stahldehnungsmessungen an Tunnelbogen sinnvoll.

5.2. *Zur Planung*

Die Angaben der Ausschreibung sind für die Durchführung der Messungen auf der Baustelle nicht ausreichend. Deshalb ist das Meßprogramm im Zuge der Ausführungsplanung vom planenden Ingenieur zu entwerfen. Eine besonders enge Zusammenarbeit mit allen beteiligten Stellen, insbesondere Bauleitung, Vermessung, Geotechnik, Meßgeräteherstellern, bodenmechanischem Gutachter, Prüfingenieur und Auftraggeber, ist erforderlich. Das erstellte Meßprogramm ist dem U-Bahn-Referat zur Prüfung und Ausführungsfreigabe vorzulegen. Seine Durchführung wird von der Bauaufsicht überwacht.

Das zur Ausführung bestimmte Meßprogramm soll im wesentlichen enthalten:

- einen Übersichtslageplan mit Angabe aller Gelände- und Gebäudemeßpunkte und der Meß- und Rechenquerschnitte
- einen geologischen Längsschnitt mit Angabe der Meß- und Rechenquerschnitte
- einen Übersichtssystemplan mit Angabe der Bestückung der verschiedenen Meßquerschnittstypen und der Konvergenzmeßstrecken
- zeichnerische Darstellung der Hauptmeßquerschnitte mit Lage der Extensometer und Angabe der Bodenschichten
- Detailpläne über den Einbau der Meßinstrumente, der Sicherung der Meßpunkte usw.
- genaue Meßanweisungen:
  In diesen ist die Häufigkeit der Messungen in Abhängigkeit vom Abstand der verschiedenen Vortriebe vom jeweiligen Meßpunkt anzugeben. Die stufenweise Entwicklung eines Tunnelquerschnitts in seiner Auffahrtsreihenfolge bis zum Endzustand ist zu berücksichtigen. Mit den Messungen ist so rechtzeitig zu beginnen, daß alle Einflüsse, insbesondere auch die der Wasserhaltung, beobachtet werden können. Bei U-Bahn-Strecken mit üblicherweise nebeneinanderliegenden eingleisigen Tunneln ist der jeweilige Abstand der Tunnelvortriebe festzuhalten und der gegenseitige Einfluß zu verfolgen. Ebenso sind Randeinflüsse, z. B. aus der Herstellung benachbarter Baugruben, der Förderschächte usw., festzustellen.
- Angaben über Inhalt und Turnus der vorzulegenden Meßberichte
  Die Vorlage der Meßberichte in monatlichen Abständen hat sich als zweckmäßig erwiesen.

5.3. Zur Durchführung

Die Durchführung des Meßprogramms obliegt der Bauleitung. Zweckmäßigerweise wird von ihr ein hierfür verantwortlicher Ingenieur benannt.

Es ist darauf hinzuweisen, daß sowohl für den Einbau der Meßgeräte als auch für die Durchführung der Messungen nur entsprechend geschulte und geeignete Personen betraut werden dürfen.

Die Meßwerte sind von der Bauleitung laufend dem planenden Ingenieur mitzuteilen. Von diesem sind die notwendigen Darstellungen vorzunehmen, in dem Meßbericht zusammenzufassen und den beteiligten Stellen nach Bedarf, mindestens aber monatlich, vorzulegen. Der Meßbericht soll folgende Darstellungen enthalten:

- einen Übersichtslageplan mit farbig abgestufter Darstellung der Setzungswerte der Oberflächenmeßpunkte und mit Angabe des Standes der Tunnelvortriebe und der wesentlichen Arbeiten im Berichtszeitraum
- Zeitsetzungsdiagramme der Geländeoberfläche und gegebenenfalls der Extensometer in den Meßprofilen. Die Abstände der Vortriebe vom Meßprofil sind im Diagramm anzugeben.
- Setzungen der Geländeoberfläche und gegebenenfalls der Extensometer quer zur Vortriebsrichtung (Setzungsmulde)
- Zeitspannungs- bzw. Zeitdehnungsdiagramme der verschiedenen Druck- und Dehnungsmessungen mit Angabe des Abstandes der Vortriebe sowie die zeitliche Änderung der Konvergenzmeßstrecken
- eine kurze Kommentierung.

Bei besonderen Anlässen, z. B. vor schwierigen Gebäudeunterfahrungen und in bestimmten zeitlichen Abständen, sollen die Meßergebnisse gemeinsam zwischen den beteiligten Stellen diskutiert werden.

Nach Abschluß der Messungen ist ein zusammenfassender Schlußbericht zu erstellen.

5.4. Zur Weiterentwicklung

In den wenigen Jahren der Anwendung der NATM in München konnte ein gewisser Grundstock an Erfahrungen in Planung und Durchführung von Messungen im modernen bergmännischen Tunnelbau erworben werden, auf dem weiter aufgebaut werden kann. Zunehmende Bedeutung werden künftig zweifellos Beobachtungen zur Klärung von Detailfragen erhalten. Auch die Innenschale wird mehr in die Beobachtungen einbezogen werden. Darüber hinaus ist positiv anzumerken, daß der Meßgedanke der NATM sich bereits auch auf andere Bereiche des U-Bahn-Baus, wie Schildvortriebe und offene Tunnelbauweisen, befruchtend auszuwirken beginnt.

Anschriften der Verfasser: Dipl.-Ing. Franz Laabmayr, Salzburg/München; Dipl.-Ing. Josef Weber, U-Bahn-Referat, Viktualienmarkt 13, D-8000 München 2, Bundesrepublik Deutschland.

Beitrag 6

Bauwirtschaftliche Überlegungen bei den Ausführungen von Hohlraumbauten im Lockergestein

Von

H. Lessmann

Mit 14 Abbildungen

Zusammenfassung — Summary

Bauwirtschaftliche Überlegungen bei den Ausführungen von Hohlraumbauten im Lockergestein. Bei der Durchführung von Bauarbeiten im modernen Tunnelbau sind in bezug auf die Ablaufplanung und den damit zusammenhängenden Einsatz von Personal und Geräten die besonderen Probleme dieser Bauweise zu berücksichtigen.

Vorbereitende Maßnahmen, Ersatzquerschnitte können dazu beitragen, einen wirtschaftlichen Ablauf zu sichern.

Considerations of Building Efficiency and Economy in Execution of Cell Constructions in Soil. In execution of construction work in modern tunneling, the specific problems of this construction method must be taken into account in work flow planning and the associated employment of labour and machinery.

Preparatory measures and standby cross sections can help to ensure that construction work proceeds economically and efficiently.

I. Einleitung

Die wirtschaftlich erfolgreiche Abwicklung von Hohlraumbauten unterliegt grundsätzlich den gleichen Voraussetzungen, wie sie für jeden baubetrieblichen Produktionsprozeß gelten.

Das Ziel des „ökonomischen Prinzips“ ist durch das Bestreben definiert:

	objektnotwendige Fertigungsmengen
in einer	optimalen Bauzeit
bei	optimalen Herstellkosten

zu produzieren.

Die Bezugsgröße für den optimalen Zustand ist dabei objektbezogen von den Berechnungsgrößen der Auftragskalkulation abhängig. Als optimal können die Werte bezeichnet werden, die gleich und besser sind als die Annahmen der Kalkulation.

Bei der Lösung der Probleme, die sich im Laufe der Abwicklung von Hohlraumbauten ergeben, muß noch folgendes beachtet werden:

Bei der Fertigung von Hohlraumbauobjekten hängen Konstruktion und Ausführung sehr eng zusammen. Man kann sogar sagen, daß weitergehend als

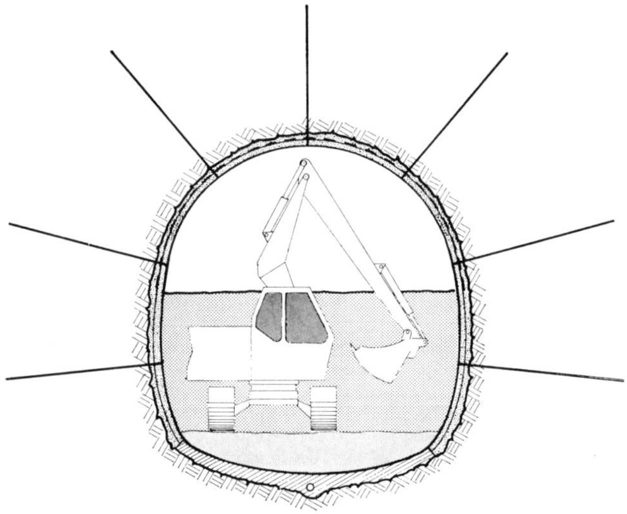

Abb. 1. Eingleisiger Querschnitt
Single-track cross section

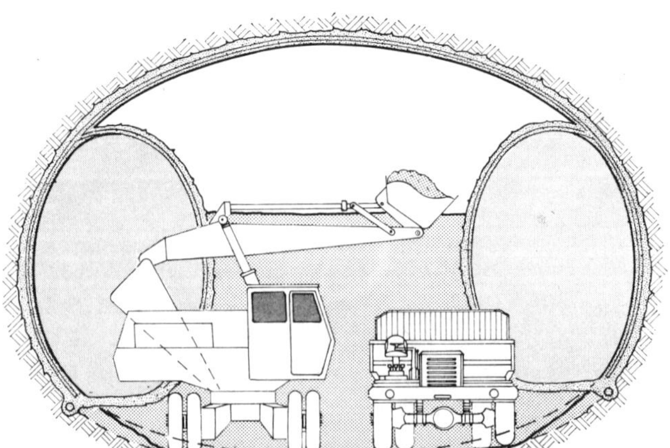

Abb. 2. Zweigleisiger Querschnitt
Double-track cross section

im allgemeinen Massivbau zwischen Konstruktion und Ausführung ein nicht trennbarer, funktionaler Zusammenhang besteht.

Die Dimensionierung der notwendigen Ausbausicherungen, wie Bögen, Anker und Spritzbeton, hängt eng mit der Anwendung der NATM zusammen; außerdem ist ausschlaggebend, ob der Querschnitt im Vollausbruch oder in Einzelabschnitten (wie z. B. Ulmenstollen, Kalotte, Strosse) erfolgt.

Bei betrieblich notwendigen Änderungen der Vortriebstechnik ist deshalb der Änderungsgrad bei den konstruktiven Baumaßnahmen zu berücksichtigen.

II. Die vorrangigen Ziele für die Bauausführung

Nach dem System ihrer räumlichen Abwicklung sind Hohlraumbauten, soweit sie für den Verkehrsbau benötigt werden, Linienbaustellen. Der Produktionsfortschritt ist eine Funktion des räumlichen Fortschrittes. Störungen im Vortrieb und Ausbau wirken sich dabei auf den gesamten Produktionsprozeß aus. Dagegen kann bei einem Großteil der sonstigen Bauprozesse im Massivbau davon ausgegangen werden, daß es mehrere in sich abgeschlossene Produktionskreise gibt. Störungen in einem Produktionsprozeß müssen sich nicht direkt auf die anderen Prozesse auswirken. Indirekte Auswirkungen infolge Verringerung des gesamten Produktionsfortschrittes sind allerdings auch hier zu verzeichnen.

Es muß das Ziel der Ablaufplanung sein, die Vortriebsgeschwindigkeit „V“ so zu steuern, daß im Durchschnitt

$$V_{eff} \geqq V_{opt} = V_{kalk}$$

erreicht wird.

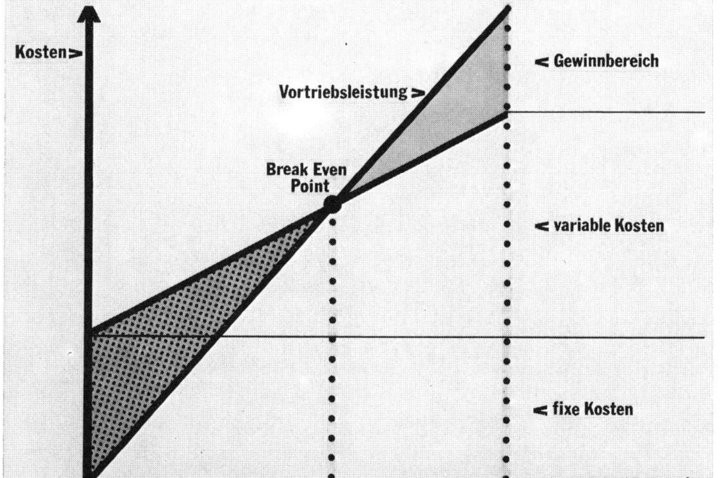

Abb. 3. Vortriebsleistung und Kostendeckung

Advance capacity and covering of costs

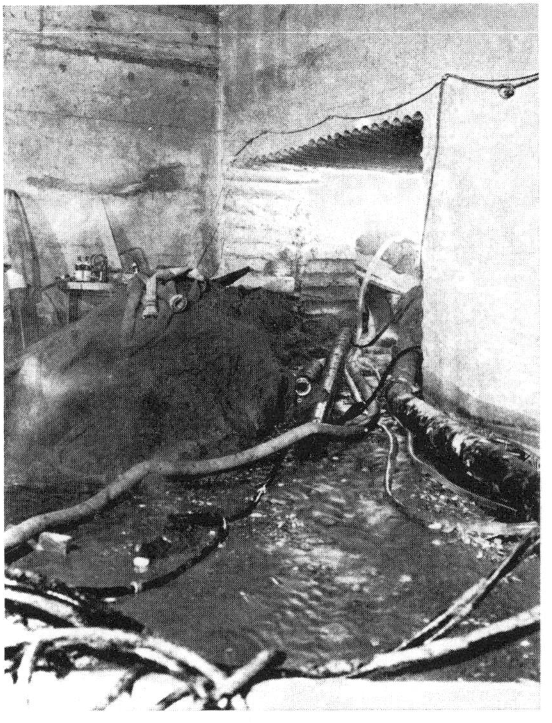

Abb. 4. Störungsstelle
Fault location

Dies wirft für den Normalfall des ungestörten Bauablaufes im Hohlraumbau keine von anderen Produktionsprozessen abweichenden Probleme auf.

Bei Störungen des Bauablaufes, die zu einem Wert

$$V_t < V_{opt}$$

führen, sind in bezug auf die möglichen Korrekturmaßnahmen jedoch andere Überlegungen als bei der Normalbaustelle notwendig.

Die Steuerungsmöglichkeiten der Kapazitäten für eine quantitative, qualitative und intensitätsmäßige Anpassung an eine erforderliche Leistung machen hier besondere Vorarbeiten erforderlich. Es ist z. B. nicht ohne entsprechende Voraussetzungen möglich, einen beliebigen zusätzlichen Vortrieb einzurichten.

Um nun wirtschaftlich vertretbare Maßnahmen planen zu können, muß man sich überlegen:

a) welche wirtschaftlichen Folgen aus einem gestörten Bauablauf entstehen,
b) welche Kosten aus den notwendig gewordenen Korrekturmaßnahmen entstehen,
c) ob die Korrekturmaßnahmen die Störung ganz beseitigen können und in welchem Umfang sich die Kosten aus a + b addieren.

$$\Sigma \text{ Kosten} = \Sigma \text{ Kosten opt Betrieb} + \text{Störungskosten} + \text{Korrekturkosten}$$

Erst die genaue Kenntnis der Auswirkungen der einzelnen Kostengruppen ermöglicht eine wirtschaftlich vertretbare Steuerung.

Die Erfahrungen über die störungsabhängige Kostenentwicklung ermöglichen aber auch die Disposition prophylaktischer Maßnahmen für den Störungsfall; dies wiederum bedarf besonderer Überlegungen bei der Ablaufplanung der Baustelle.

III. Wirtschaftliche Grundlagen für die Ablaufplanung

Die Kalkulation für die Vortriebsarbeiten kann auf folgenden Arbeitsbereichen aufgebaut werden:

a) reiner Vortrieb,
b_1) horizontal fördern,
b_2) vertikal fördern,
c) Versorgungsbetriebe,
d) Baustellengemeinkosten,

Σ a—d Gesamte Kosten des Vortriebes

Für die Ermittlung der ablaufabhängigen Kosten sind die Baustoff- und Betriebsstoffkosten der Geräte ohne Bedeutung. In die Ermittlung der störungsabhängigen Kosten gehen nur die zeitabhängigen Werte ein. Diese können in einer ersten Näherung als

a) Lohnkosten (Stundenaufwand),
b) Gerätekosten (Abschreibung und Verzinsung),
c) Stoffkosten, die aus zeitabhängigen Gehalts- und Aufsichtskosten als Anteil der BGK entstehen,

angenommen werden.

Bei dieser Annahme kann man davon ausgehen, daß diese zeitabhängigen Kosten während der Bauzeit bei unvorhergesehenen Unterbrechungen weiterlaufen und nicht kurzfristig abgebaut werden können, also quasi fixe Kosten darstellen.

Unter dieser vereinfachten Annahme ergibt sich folgender kostenmäßiger Zusammenhang:

Das bei der Kalkulation zugrundegelegte Vortriebssystem bringt eine volle Deckung der Kosten aller Nebensysteme, die das System Vortrieb ergeben.

Bei diesem optimalen Vortriebswert wird der Break-Even-Point des Wirtschaftssystems erreicht. Bei Abweichungen vom optimalen Vortriebswert entsteht bei

$$V_{eff} < V_{opt}$$

eine Unterdeckung der Systemkosten, während bei

$$V_{eff} > V_{opt}$$

ein Gewinn entsteht.

Dabei ist V_{eff} in seiner maximalen Größe durch die betrieblichen Voraussetzungen beeinflußt.

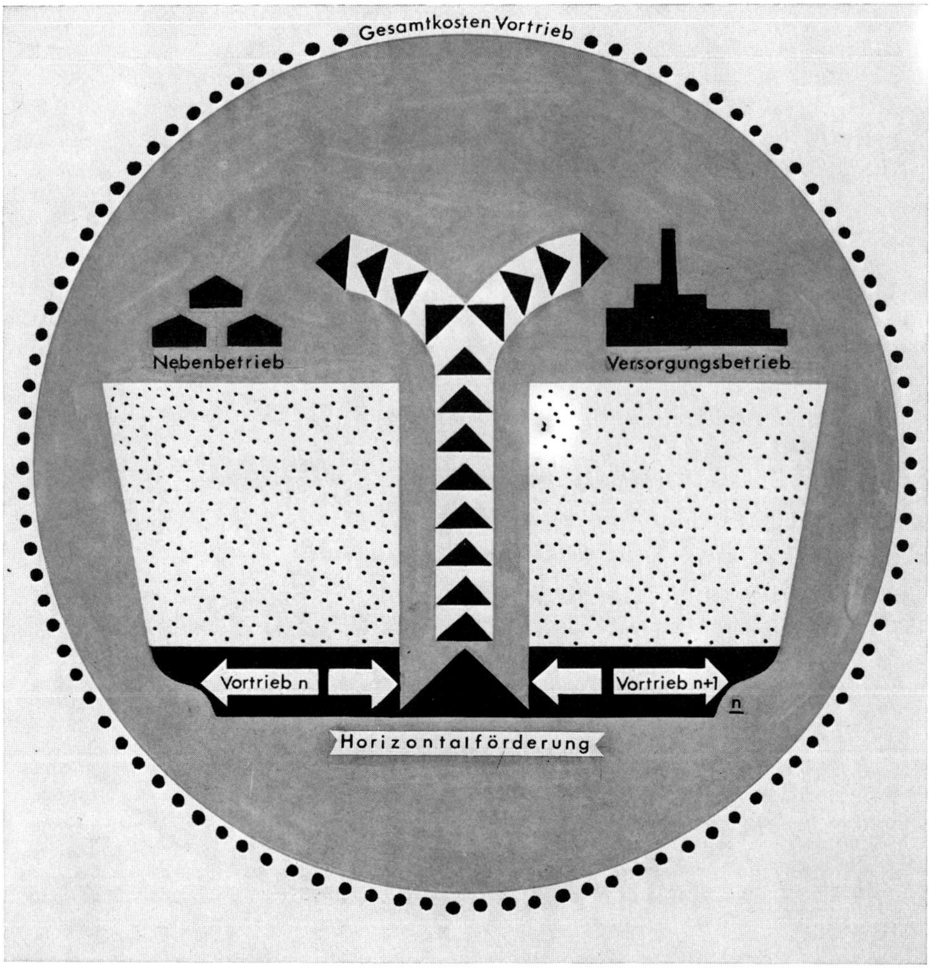

Abb. 5. Die Gliederung der Kostenanteile nach verfahrenstechnischen Systembereichen

Break-down of costs according to system areas distinguished by process engineering aspects

Bei einem angenommenen durchschnittlichen Vortriebswert von 3,50 m für den Vollausbruch bei einem eingleisigen Tunnelrohr von ~ 36,00 m² wurden Spitzenwerte von 5,00 m in 24 Stunden erreicht.

Die Kostenentwicklung infolge einer Unterbrechung ($V_t = 0$) für einen begrenzten Zeitraum ist für den Fall der mittleren Vortriebsleistung V_{eff} in Skizze Nr. 6 dargestellt.

Daraus läßt sich analog die Kostenauswirkung auf die vorgesehene Bauzeit für den Gesamtvortrieb entwickeln.

Der gestörte Bauablauf bei $V_t = 0 < V_{opt}$ führt ohne Kapazitätsanpassung zu einer Bauzeitüberschreitung einschließlich Steigerung der vom Vortrieb zu tragenden Nebenkosten.

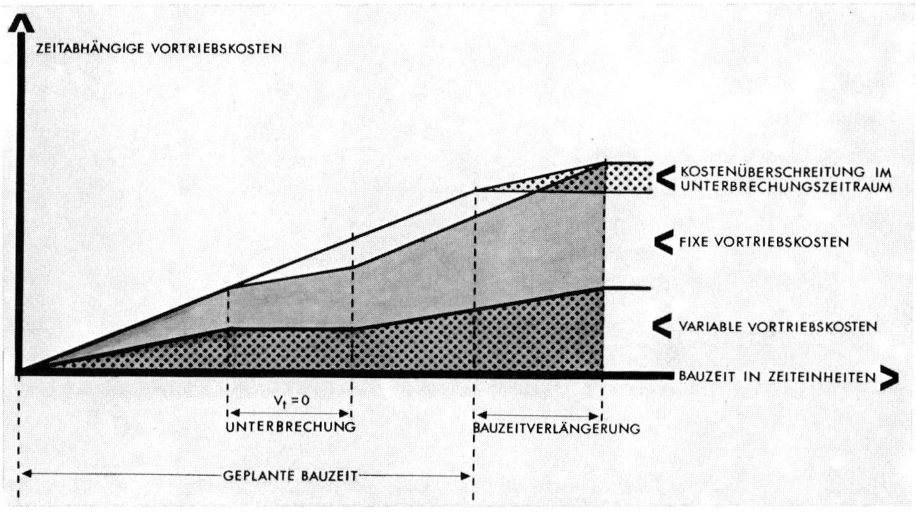

Abb. 6. Kostenentwicklung bei Unterbrechung des Vortriebs
Cost trend of interruption of advance

Bei einer angenommenen Unterbrechung der Vortriebsarbeiten von einem Monat können also in erster Näherung folgende Kosten anfallen:

Kosten für 1 Monat Vortriebsunterbrechung

= 22 Arbeitstage × Σ d. zeitabhängigen Kosten des Vortriebes
= 22 Arbeitstage × Leistung je Arbeitstag (m)
× Σ 50—60 % der Einheitspreise des Vortriebes (DM/m)
= 11—13 Arbeitstage × Leistung kalk./Tag
× Kosten je Vortriebseinheit

IV. Betriebliche Maßnahmen zur Beseitigung des gestörten Bauablaufes

Unterbrechungen und negative Abweichungen in geplanten Bauabläufen führen also zu erheblichen, jedoch nicht ohne weiteres vermeidbaren Kostenüberschreitungen. Anders als im Produktionsbetrieb einer Betonbaustelle, bei der Unterbrechungen durch die meist größere Anzahl von gleichwertigen Produktionsstellen leichter kompensiert werden können, sind im Vortrieb Betriebsstörungen schwieriger zu beheben.

Je nach Ursache der Störung sind die erforderlichen Maßnahmen zu treffen.

Dabei können auftretende Störungen wie folgt klassifiziert werden:

1. Vortriebsleistung $V_{eff} < V_{opt}$, ohne daß Unterbrechungen auftreten;
2. Betriebsbedingte Unterbrechungen (Geräteausfall usw.);
3. geologisch oder hydrologisch bedingte Unterbrechungen.

ad 1) Vortriebsleistung $V_{eff} < V_{opt}$

Bei Maßnahmen zur Förderung der Leistungsintensität oder Erhöhung der Kapazität müssen die grundsätzlichen Zusammenhänge eines Vortriebes beachtet werden:

a) Geologie des Vortriebes einschließlich der hydrologischen Verhältnisse,
b) Vortriebsquerschnitt und Sicherungsmaßnahmen (Spritzbeton, Baustahlgewebe, Bögen, Anker, Pfänddielen usw.),
c) Personalstärke des Drittels, Löse- und Ladegerät, Gerät für Ausführung der Sicherungsmaßnahmen.

Alle Maßnahmen im Bereich c) bedingen grundsätzlich Überlegungen in den Bereichen a) und b) und sollen hier nicht näher erläutert werden.

Maßnahmen der Ablaufplanung können keine Verbesserung der grundsätzlichen Vortriebsleistung erbringen.

ad 2) und 3) Betriebsbedingte und geologisch oder hydrologisch bedingte Unterbrechungen:

2. Geräteausfall;
3. Veränderungen in der Geologie und Deformationen im Bereich von Einbrüchen; Veränderungen im hydrologischen System und spontane Wassereinbrüche.

ad 2) Geräteausfall bedingt ebenfalls eine Störung des Vortriebes

$$V_{eff} \text{ wird } < V_{opt}$$

Die Möglichkeiten zur Vermeidung solcher Störungen bestehen hier in der Geräteersatzbeschaffung und in der Verfügbarkeit einer leistungsfähigen Reparaturwerkstatt.

Die Geräteersatzbeschaffung ist eine betriebliche Disposition, die mit den üblichen Methoden der Reservegerätehaltung zu lösen ist. Je einfacher, das heißt je universeller das eingesetzte Vortriebsgerät ist, um so unproblematischer ist eine Ersatzbeschaffung. Ein normaler Hydraulikbagger, z. B. ein Atlas-Gerät, ist leichter und kurzfristiger zu beschaffen als eine Teilschnittmaschine. Außerdem ist eine Reservehaltung von einfacherem Gerät billiger als von Spezialgeräten. Letztlich hängt die Lösung dieses Problems jedoch von den geologischen Verhältnissen, die die Art des Abbaugerätes bestimmen, und der Investitionspolitik des Unternehmens ab.

ad 3) Störungen im Boden oder in der Hydrologie des Vortriebsquerschnittes

Wesentlich folgenschwerer wirken sich Störungen in der Geologie und in der Hydrologie auf den Betriebsablauf aus. In den meisten Fällen führen sie zu einem sofortigen Stillstand des Vortriebes. Je nach dem Grad der Störung sind langwierige Sicherungsarbeiten notwendig, um eine Fortführung des Vortriebes zu ermöglichen.

Baubetrieblich zeigt sich dabei häufig, daß die Sanierungsarbeiten besser geplant und abgewickelt werden können, wenn sie nicht unter Zeitdruck erfolgen müssen. Dies insbesondere auch dann, wenn es sich um hydrologische Störungen handelt. Die Folgen wirken sich also im Ablauf aus und verursachen entsprechende Kosten. Diese Ablaufstörungen können — wegen der spezifischen Bedingungen eines Tunnelvortriebes — auch durch eine Kapazitäts-

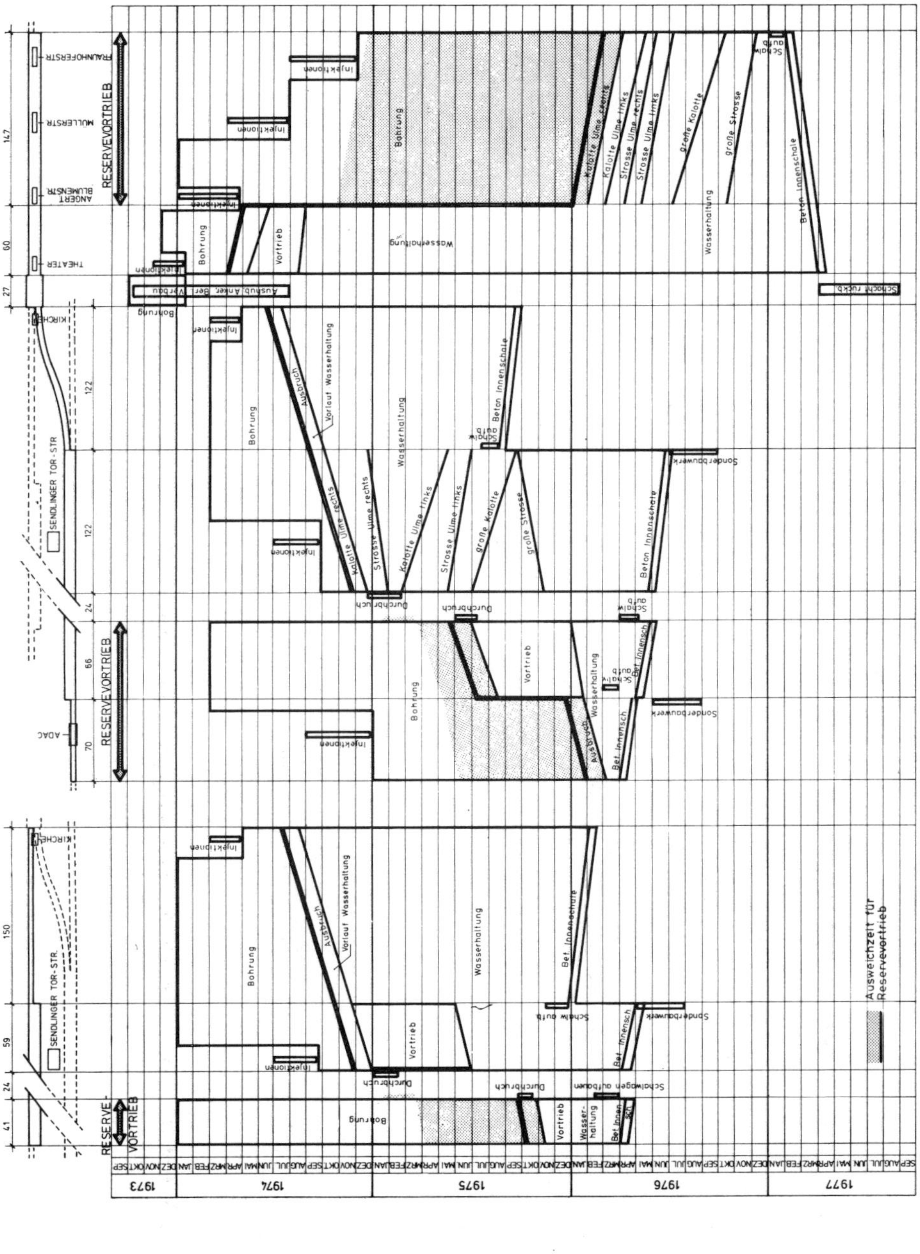

Abb. 7. Bauablauf U 8/1 — Los 9
Construction progress U 8/1—Section 9

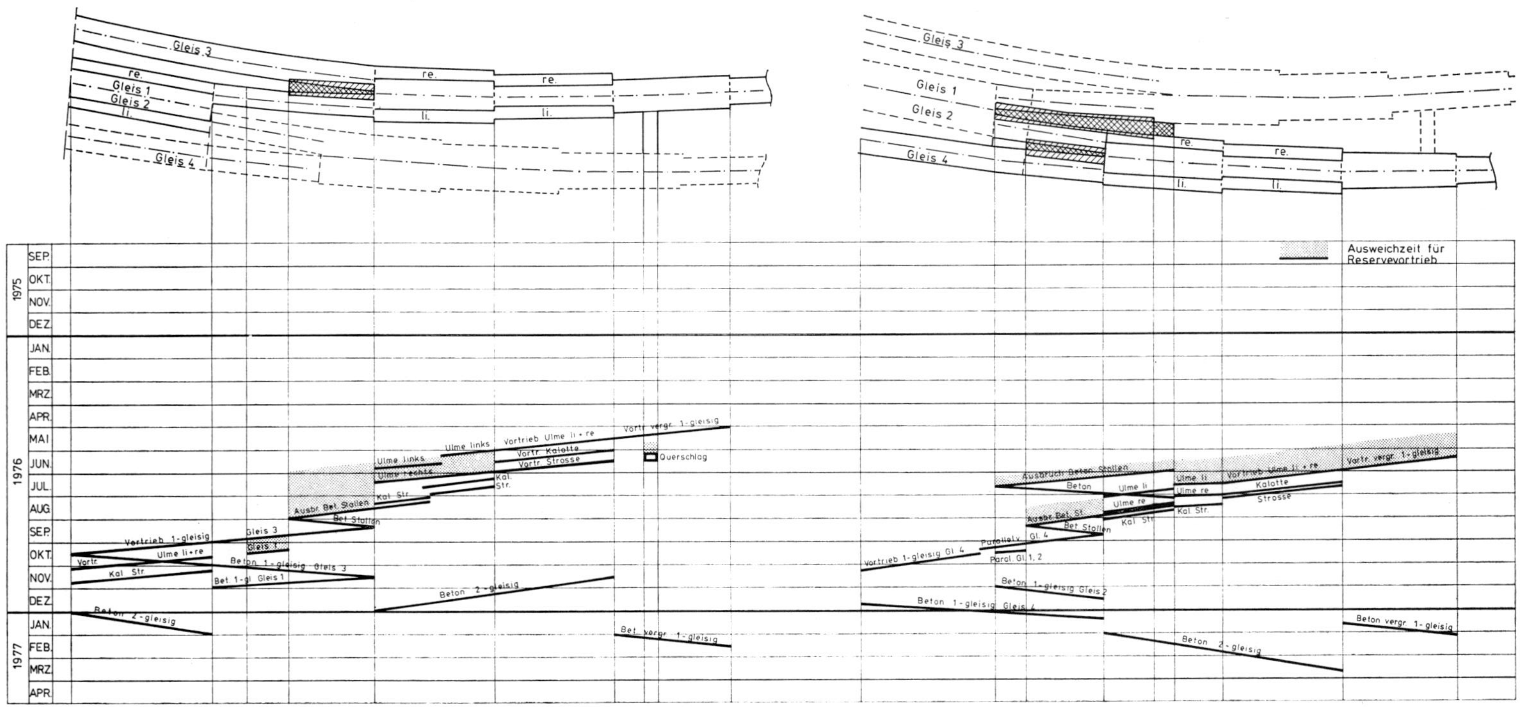
Gleis 3
Gleis 1
Gleis 2
Gleis 4
re.
li.
Ausweichzeit für Reservevortrieb
1975
1976
1977
SEP.
OKT.
NOV.
DEZ.
JAN.
FEB.
MRZ.
APR.
MAI
JUN.
JUL.
AUG.
Vortrieb 1-gleisig
Ulme li+re
Vortr.
Kal. Str.
Gleis 3
Gleis 1
Beton 1-gleisig Gleis 3
Bet. 1-gl. Gleis 1
Beton 2-gleisig
Ausbr. Bet. Stollen
Bet. Stollen
Kal. Str.
Ulme links
Ulme rechts
Vortrieb Ulme li + re
Vortr. Kalotte
Vortr. Strosse
Vortr. vergr. 1-gleisig
Querschlag
Bet. vergr. 1-gleisig
Vortrieb 1-gleisig Gl. 4
Parallelv. Gl. 4
Paral. Gl. 1, 2
Beton 1-gleisig Gleis 2
Beton 1-gleisig Gleis 4
Ausbruch Beton Stollen
Beton
Ulme li
Ulme re
Kal. Str.
Kalotte
Strosse
Beton vergr. 1-gleisig

steigerung im selben Querschnitt nicht oder nur unter erschwerten Bedingungen beseitigt werden. Daher erscheint es zweckmäßig, schon bei der Ablaufplanung des Vortriebes nach entsprechenden Ausweichmöglichkeiten zu suchen.

V. Maßnahmen im Bereich der Ablaufplanung

Unabhängig von der Strategie, die spezifischen Störungsursachen zu beseitigen, besteht also die Notwendigkeit, Maßnahmen vorzusehen, um den optimal angenommenen Ablauf der Vortriebsarbeiten einzuhalten. Dies ist nicht so einfach wie bei einer offenen Linienbaustelle, die genügend Möglichkeiten für einen fast spontanen Einsatz von zusätzlicher Kapazität an zusätzlichen Einsatzstellen bietet.

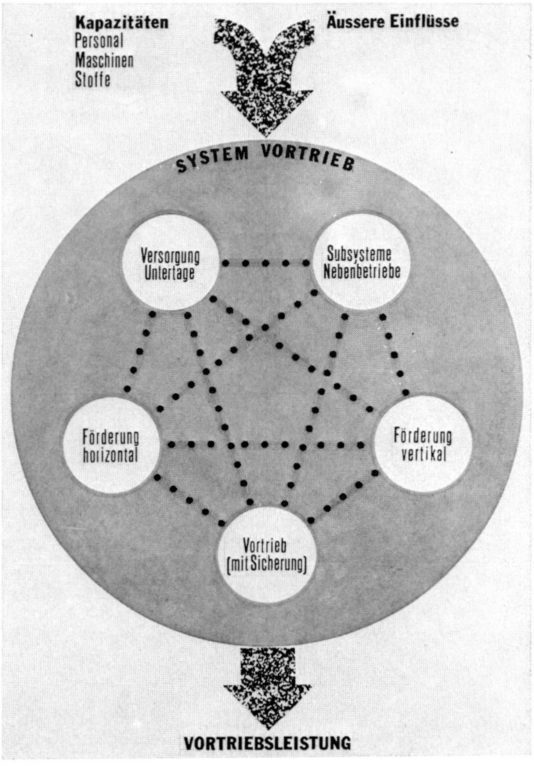

Abb. 9. System des Vortriebs im Hohlraumbau

Advance system in cell construction

Abb. 8. Detailablauf Harfe — Variante mit 4 Vortrieben

Details of progress for diverging siding junction—variant with quadruple advance

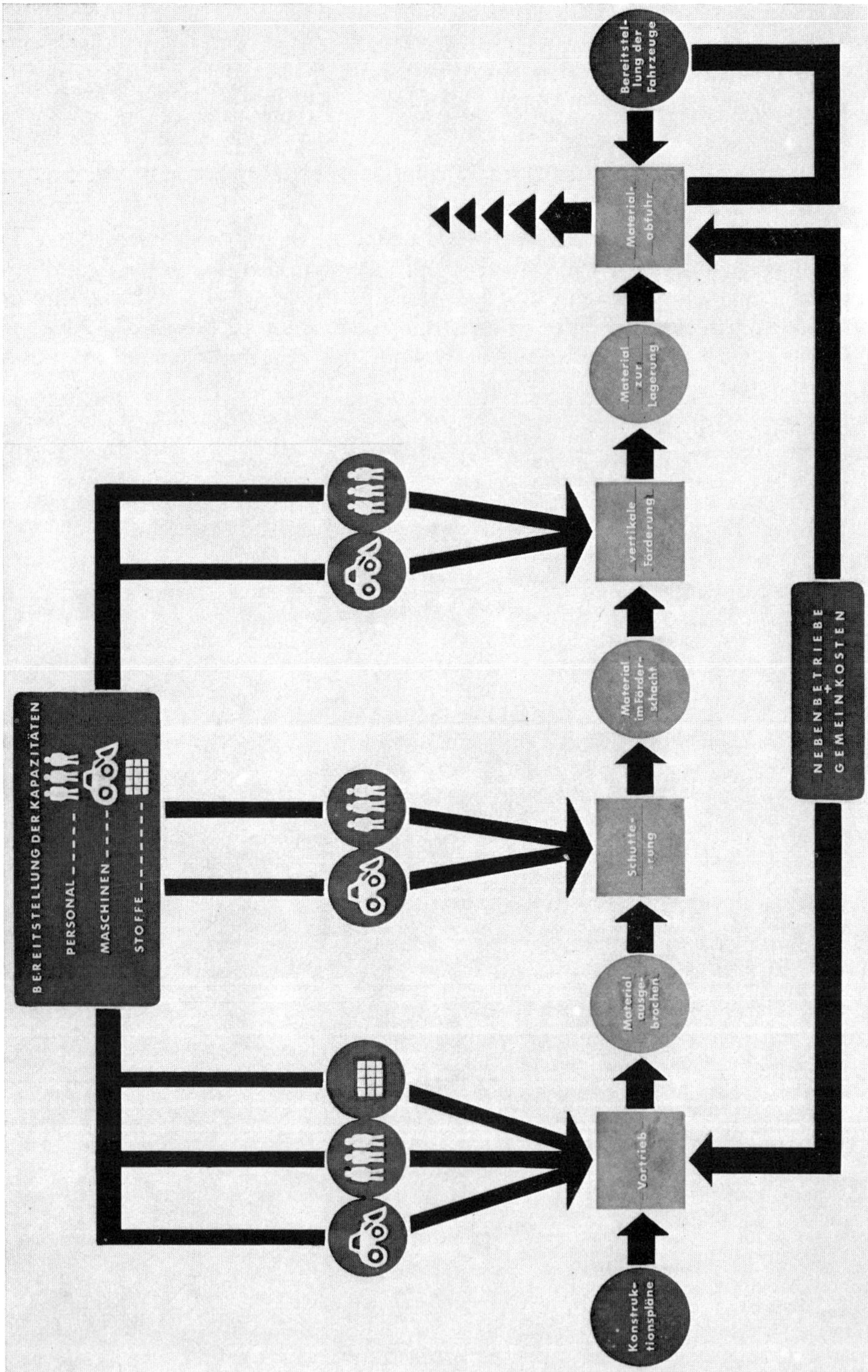
BEREITSTELLUNG DER KAPAZITÄTEN
PERSONAL
MASCHINEN
STOFFE
Konstruk-
tionspläne
Vortrieb
Material
ausge-
brochen
Schutte-
rung
Material
im Förder-
schacht
vertikale
Förderung
Material
zur
Lagerung
Material-
abfuhr
Bereitstel-
lung der
Fahrzeuge
NEBENBETRIEBE
+
GEMEINKOSTEN

Im Hohlraumbau sind dafür einige systemabhängige Voraussetzungen zu erfüllen:

a) Es muß eine objektbedingte Möglichkeit eines zusätzlichen Vortriebes gegeben sein.
b) Es müssen die erforderlichen Versorgungszufahrten vorhanden sein, um einen rationellen Ersatzbetrieb aufrechterhalten zu können.

Zur Erfüllung dieser Voraussetzungen sind zeitgerechte Vorarbeiten erforderlich.

Um die Möglichkeit einer ständigen Versorgung aufrechtzuerhalten, genügt es nicht, einen stationär festen Ausweichvortrieb vorzusehen.

Da diese Versorgungsmöglichkeit (Spritzbeton und Schutterung) von der jeweiligen örtlichen Arbeitssituation des Gesamtvortriebes abhängig ist, muß der Ersatzvortrieb an die wechselnden Standorte des Hauptbetriebes angepaßt werden. Die Ersatzquerschnittvorhaltung ist also keine stationäre Angelegenheit; der Ersatz muß vielmehr als wechselnder Standort in den Regelablauf einbezogen werden.

Um dies zu erreichen, muß der Ersatzquerschnitt für jede in sich abgeschlossene Versorgungsphase des Hauptvortriebes gesondert festgelegt werden. Dadurch wird auch — phasenbezogen — ein Wechsel in der Disposition Hauptquerschnitt oder Ersatzquerschnitt für ein und denselben Querschnitt erforderlich.

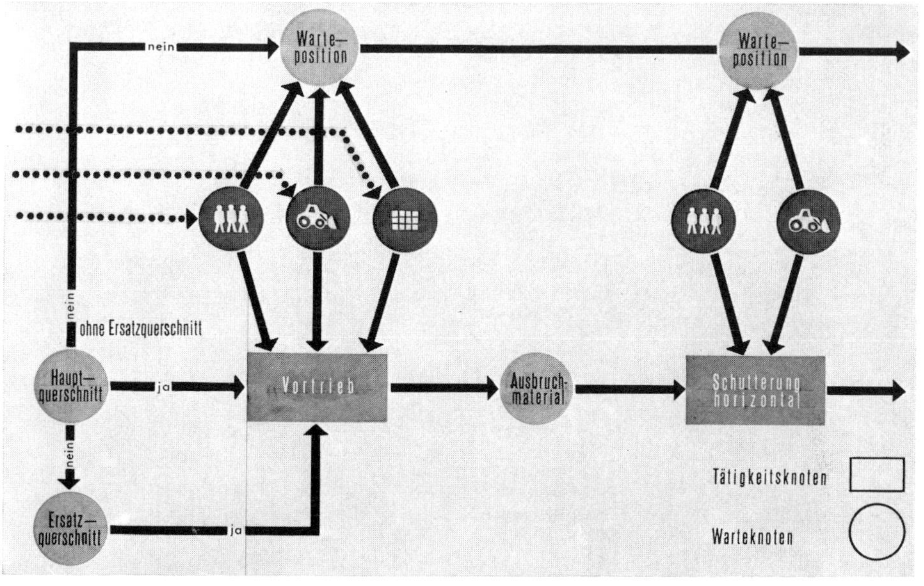

Abb. 11. Das Prinzip des Ersatzquerschnittes
The principle of the standby cross section

Abb. 10. Die Abhängigkeiten im Vortrieb
Functional relations in the advance

Deshalb ist es notwendig, schon im Stadium der Gesamtablaufplanung den oder die Ersatzquerschnitte mit in das System einzubeziehen.

Der Vorbereitungsaufwand ist nicht unerheblich. Die Sicherheit, alle Voraussetzungen für die Einhaltung der vorgesehenen optimalen Vortriebs-

Abb. 12. Eingleisiger Querschnitt
Single-track cross section

Abb. 13. Zweigleisiger Querschnitt
Double-track cross section

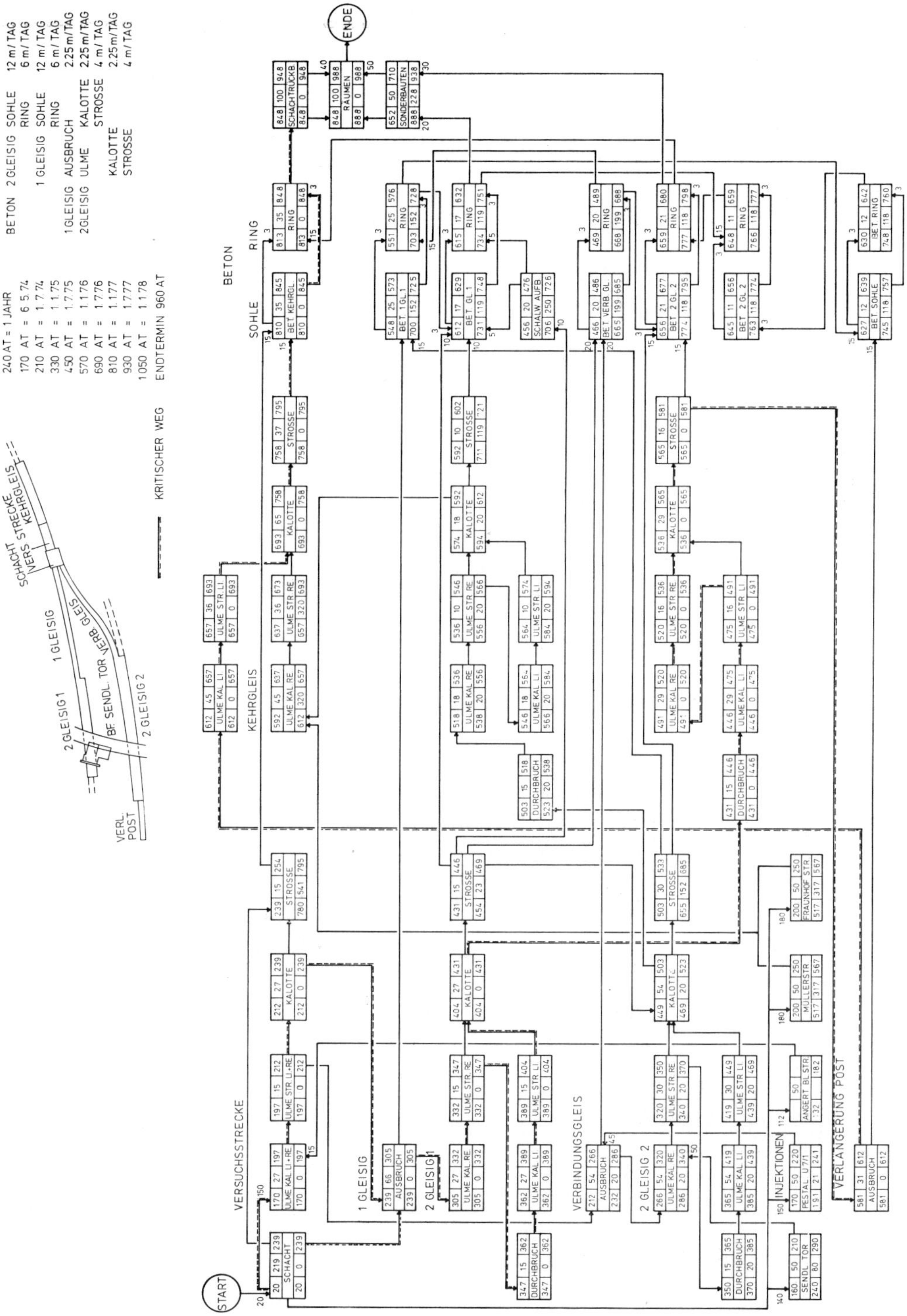

Abb. 14. Netzplan Los 9
Network map Section 9

leistung geschaffen zu haben, ermöglicht jedoch eine sehr zeitgerechte Betriebsdisposition.

Natürlich hängt die Realisierung der aufgezeigten Forderungen von der Gesamtaufgabenstellung ab. Ein eingleisiger Vortriebsquerschnitt bei der eingleisigen Strecke mit einem Vortriebsschacht bietet die geringsten Möglichkeiten. Wechselnde Querschnitte (eingleisig, zweigleisig, Gleisharfen) bieten jedoch eine Fülle von realisierbaren Möglichkeiten, wenn man noch bedenkt, daß große Querschnitte in Abschnitten (Ulmen, Kalotte, Strosse) aufgefahren werden.

Die Disposition von mehreren gleichzeitig laufenden Vortriebsstellen reduziert das Kostenrisiko bei Störungen in einem Vortrieb. Die Auswirkungen auf die Nebenbetriebe werden dadurch wesentlich verringert. Der Umfang des Deckungsausfalles für die quasi-fixe Kostenstelle wird proportional reduziert. Je nach örtlich bedingten geologischen und hydrologischen Voraussetzungen kann sich auch die notwendige Anzahl der vorzuhaltenden Ersatzquerschnitte verringern.

Mehrere Vortriebsstellen erhöhen natürlich auch die Vortriebsleistung des gesamten Produktionssystems. Die NATM mit ihren relativ geringen Vortriebsleistungen je Einsatzstelle erhält dadurch gegenüber der vollmechanischen Vortriebsart mit ihren möglichen großen Vortriebsleistungen eine echte Wettbewerbschance.

VI. Schlußbetrachtung

Hohlraumbauten im Lockergestein für städtische Verkehrsprojekte bieten aufgrund ihrer wechselnden Anforderungen an die Querschnitte und Linienführung eine Fülle technischer Möglichkeiten. Dabei gibt es, wenn man Maschinenvortrieb und manuellen Vortrieb vergleicht, aufgrund der ablauftechnischen Möglichkeiten eben nicht nur ein „Entweder — Oder“, sondern ein „Sowohl — Als auch“.

Darüber hinaus ergibt sich eine Fülle von realisierbaren Ausführungsvarianten im Ablauf, die zu einer Belebung des Wettbewerbes für solche Aufträge führen.

Voraussetzung für eine erfolgreiche Abwicklung ist eine sorgfältige Planung des Bauablaufes im Vortrieb unter Berücksichtigung der verschiedenen Ausbruchsphasen. Bei komplizierten Querschnitten, wie einer Gleisharfe, ist dafür die Netzplantechnik unentbehrlich.

Anschrift des Verfassers: o. Univ.-Prof. Dipl.-Ing. Heimo Lessmann, Universität Innsbruck, Institut für Bauverfahren und Bauwirtschaft, Technikerstraße 13, A-6020 Innsbruck, Österreich.

Beitrag 7

Verfahrenstechnische Überlegungen zur Betonierung der Innenschale

Von

W. Schiele

Mit 15 Abbildungen

Zusammenfassung — Summary

Verfahrenstechnische Überlegungen zur Betonierung der Innenschale. Soweit für die Ablaufplanung notwendig, wird die Betoninnenschale der Tunnel technisch beschrieben.

Es werden die Wechselbeziehungen zwischen Vortrieb und Betonierung dargestellt und Hinweise auf die Organisation des Betonierbetriebes gegeben.

Art und Umfang der dafür erforderlichen Geräte werden angegeben.

Considerations of Engineering Technique in Relation to Concrete-Pouring for the Inner Shell. A technical description is given of the inner concrete shell of the tunnel as far as is necessary for workflow planning.

The interrelations between advance and concrete-pouring are illustrated, and advice given on the organization of the concrete-pouring work.

The type and amount of equipment necessary are also mentioned.

1. Technische Grundlagen

Der beim Vortrieb mit Spritzbeton gesicherte Hohlraum wird nachfolgend mit einer Innenschale aus wasserundurchlässigem Beton ausgekleidet. Auf eine Isolierung wird aus Gründen der besseren Sanierung von Fehlstellen, wegen der Brandgefahr im Tunnel und aus Kostengründen verzichtet. Die Bemessung der Innenschale erfolgt auf Wasserdruck und Erdlast mit Hilfe der Finite-Element-Methode, bei der die mittragende Wirkung des Bodens berücksichtigt wird. In den Losen 9 und 18.2 ergeben sich dank günstiger geometrischer Gestaltung der Profile für die Innenschale als Schnittkräfte überwiegend Normalkraft und nur sehr kleine Momente, die weitgehend überdrückt werden. Man kommt daher bei fast allen Querschnitten mit der Minimalbewehrung nach DIN aus, die dann in Betonstahlmatten ausgeführt wird. Diese werden in

Abb. 1. Sohlbewehrung bei eingleisigem Profil mit Aussparungen für Schalwagenverankerung

Bottom reinforcement in single-track profile with cavities for the formwork anchorage

Längs- und Ringrichtung in einem bestimmten Raster miteinander verschweißt, um so einen Faradayschen Käfig zur Ableitung der Streuströme zu bilden.

Die Betoninnenschale wird blockweise in zwei Abschnitten hergestellt:

1. die Sohlen, nur mit Stirnschalung;
2. Ulmen und Kalotte mit Stahlschalwagen.

Die Blocklänge ist so zu wählen, daß Schwindrisse vermieden werden und auch bei engen Gleisradien das Lichtraumprofil nicht eingeschränkt wird. Für lange Strecken gleichen Querschnitts sollte die Blocklänge möglichst groß gewählt werden, da so Kosten für eine geringere Anzahl von Fugen anfallen und die höheren Kosten für einen längeren Schalwagen durch geringeren Lohnkostenaufwand bei der Betonierung mehr als kompensiert werden. Wird von einem Querschnitt, der einen eigenen Schalwagen benötigt, nur eine kurze Strecke aufgefahren, ist es günstiger, kurze Blocklängen zu wählen und damit geringere Schalwagenkosten. In den Losen 9 und 18.2 beträgt die Blocklänge in der Regel 10 m.

In die Ringfugen zwischen den Blöcken werden Dehnungsfugenbänder aus Kunstkautschuk einbetoniert. Die Arbeitsfuge zwischen Sohle und Ulme wird mit Stahlblechfugenbändern gedichtet. Der Übergang zwischen den Fugenbändern erfolgt durch Hartlöten des Arbeitsfugenbandes an fertig einvulkanisierte Blechstücke am Dehnungsfugenband, so daß auf der Baustelle nicht vulkanisiert werden muß.

Zur Ermittlung der Ausschalfrist für die Gewölbebetonierung werden Temperaturmessungen im Querschnitt durchgeführt. Nach Überschreitung des Temperaturmaximums bei Beginn der Abkühlphase kann ausgeschalt werden.

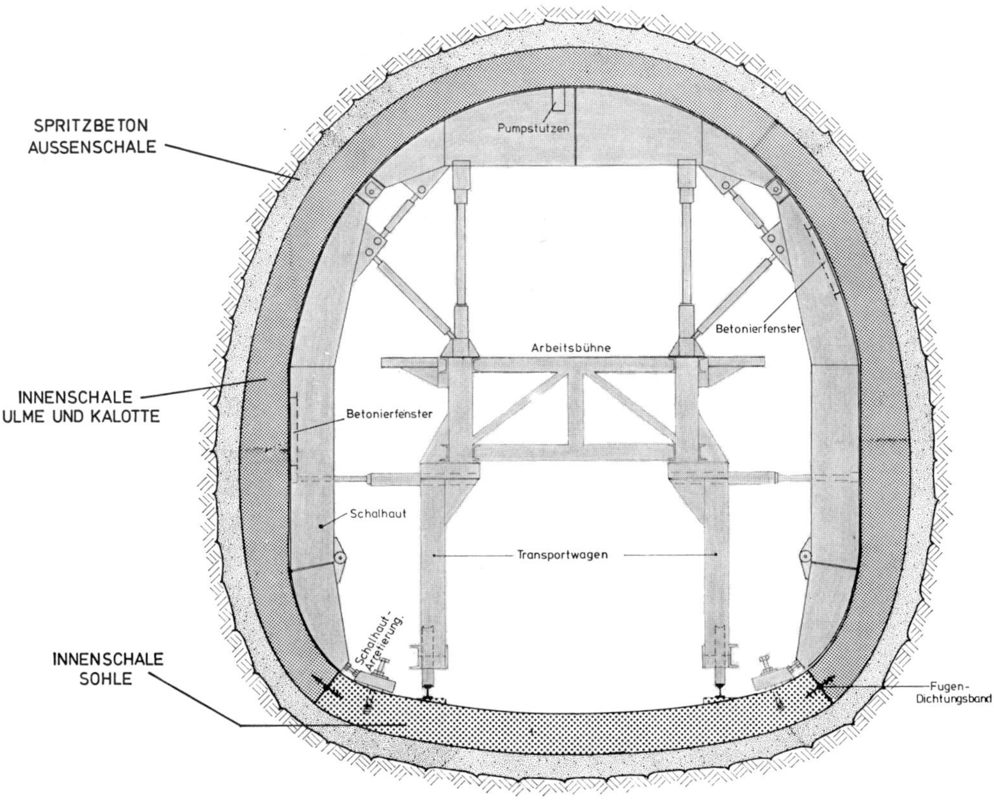

Abb. 2. Betonierabschnitte im eingleisigen Profil
Concreting sections in single-track profile

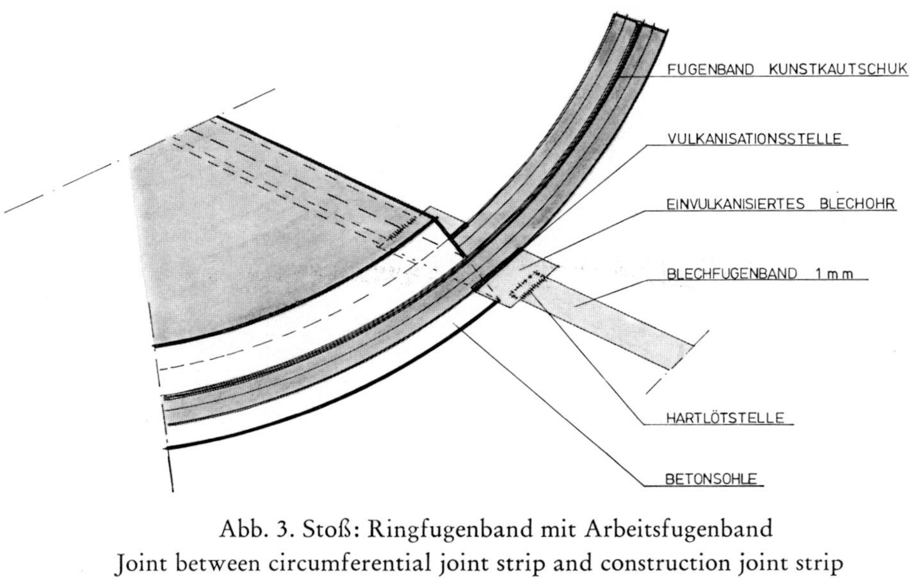

Abb. 3. Stoß: Ringfugenband mit Arbeitsfugenband
Joint between circumferential joint strip and construction joint strip

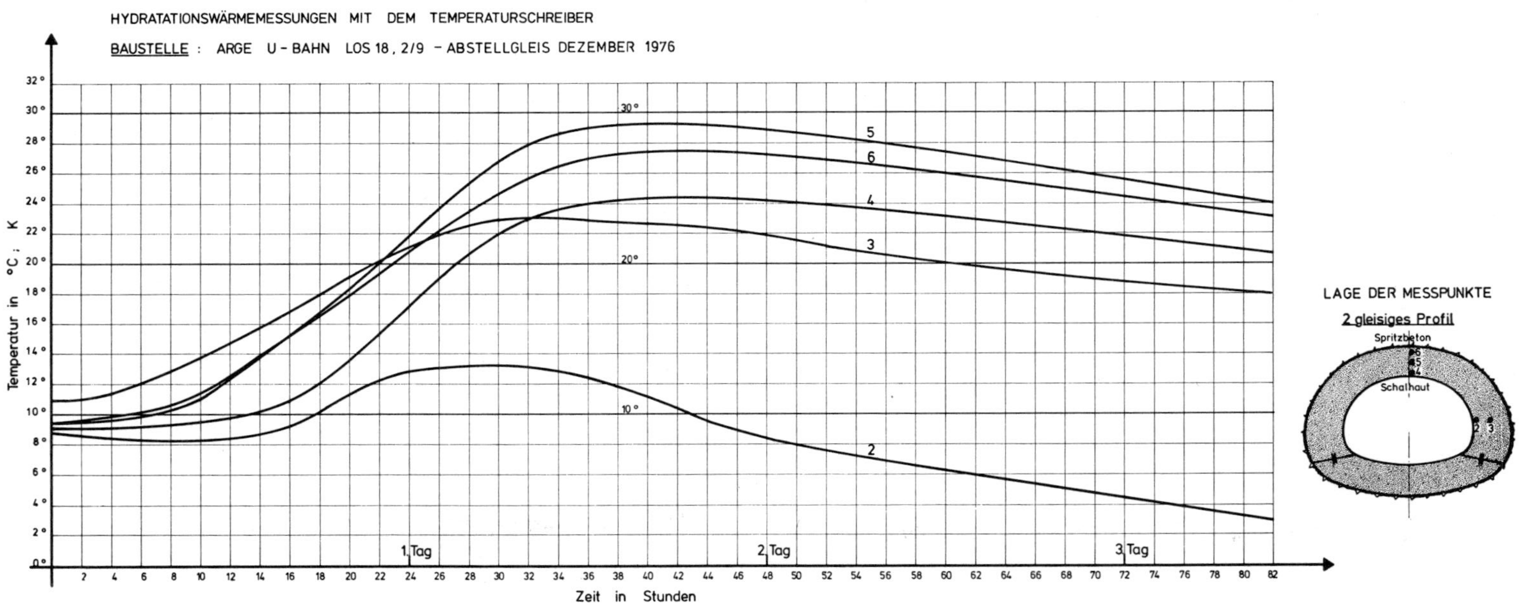

Abb. 4. Temperaturverlauf während der Abbindezeit

Temperature diagram in the course of the setting period

2. Ablaufplanung für die Betonierung

Im Idealfall beginnt die Betonierung in zeitlicher und räumlicher Distanz zum Tunnelvortrieb, läuft dann parallel mit dem Vortrieb und ist kurz nach Ende der Ausbruchsarbeiten abgeschlossen.

Das bringt folgende Vorteile:

1. kurze Bauzeit und damit geringe zeitabhängige Gemeinkosten,
2. Verringerung der Betriebszeit für die offene und geschlossene Wasserhaltung.

Die Voraussetzungen hierfür sind:

- Rasches Abklingen der Bewegungen der Außenschale aus Gebirgsdruck. Dieser Punkt macht im oberflächennahen U-Bahn-Bau meist keine Probleme.
- Die herzustellenden Röhren müssen so zueinander liegen, daß in einem Bereich Schutterung und Versorgung der Vortriebe möglich ist und gleichzeitig in einem anderen Bereich die Betonierung erfolgt. Bei langen, parallel laufenden Röhren ist dies durch Querschläge möglich. Wo solche Querschläge nicht für Notausstiege oder Lüftungszwecke bereits vorgesehen sind, müssen sie aus baubetrieblichen Gründen aufgefahren werden.
- Die gemeinsam von Vortrieb und Betonierung genutzten Förderwege und Schächte müssen von ihrer Kapazität her ausreichend dimensioniert sein, um eine gegenseitige Behinderung der beiden Betriebsarten zu vermeiden. Dadurch würde die Wirtschaftlichkeit der Einzelbetriebe leiden. Bei Engpässen bieten sich im U-Bahn-Bau Versorgungsbohrungen von der Oberfläche aus an, über die der Beton nach unten gebracht werden kann.

Der Beginn der Betonierarbeiten sollte im Gesamtablauf unter Berücksichtigung des Vorgenannten so festgelegt werden, daß sich ein kontinuierlicher Betrieb ohne Unterbrechung bis zum Bauende durchführen läßt.

Ablauf Sohlbetonierung

Nach Reinigung der Spritzbetonschale müssen Profilungenauigkeiten im Sohlbereich durch Abstemmen oder Aufbringen eines Ausgleichsbetons beseitigt werden. Anschließend werden die Kunstkautschukfugenbänder, die als geschlossene Ringe angeliefert werden, im Bereich der Blockfugen aufgehängt. Abschnittsweise werden sie in der Stirnschalung der Sohlblöcke fixiert und mit den Arbeitsfugenbändern verbunden. Die Bewehrung und die Aussparungen für die Schalwagenverankerung werden eingebracht. Der Beton wird gepumpt und mit Flaschenrüttlern verdichtet.

Ablauf Gewölbebetonierung (Ulmen und Kalotte)

Die Gewölbebewehrung wird von einem vorauslaufenden Bewehrungswagen mit Hilfe angeschossener Nägel an der Spritzbetonaußenschale fixiert. Diese Nägel müssen isoliert sein, um eine elektrisch leitende Verbindung der Bewehrung von Außen- und Innenschale zu vermeiden. Der Schalwagen wird in Position gefahren und die Schalhaut hydraulisch ausgefahren. An ihr wird

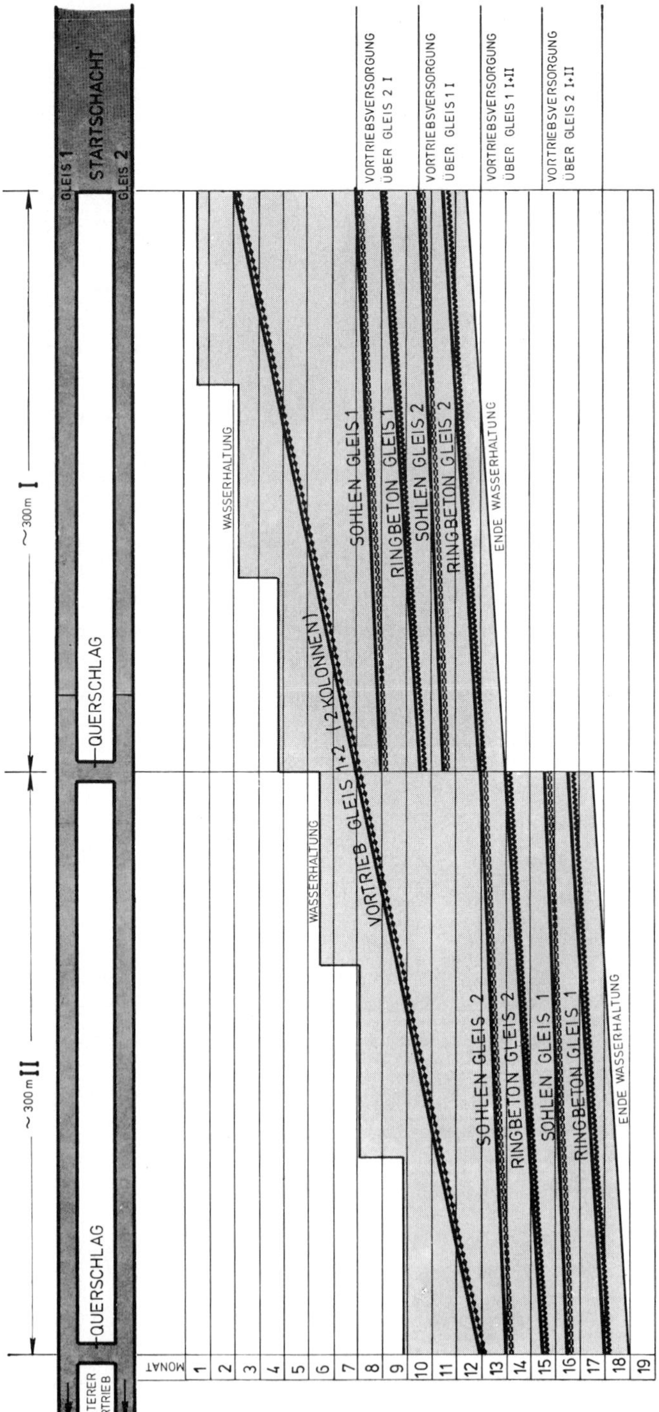

Abb. 5. Kombinierter Vortriebs- und Betonbetrieb
Combined advance and concrete-pouring operation

Abb. 6. Schalungsumbau
Resetting the formwork

die Stirnschalung befestigt, die den oberen Teil des Ringfugenbandes fixiert. Der Beton wird im Ulmenbereich über verschließbare Fenster eingepumpt und der Kalottenbereich über Zwangsanschlüsse in der Firste gefüllt. Die Verdichtung erfolgt generell mit Außenrüttlern, lediglich im Anschlußbereich zur Sohle wird zusätzlich mit Flaschenrüttlern gearbeitet.

Neben den Zeiten für die Herstellung der Sohlen und Gewölbeblöcke darf die Dauer der Montage der Schalwagen nicht übersehen werden. Die Erstmontage erfolgt, soweit möglich, außerhalb des Tunnels, so daß unten nur noch die vormontierten Teile aufgebaut und die hydraulischen Antriebe angeschlossen werden müssen. Dafür müssen jedoch bei eingleisigem Profil immer noch 2—3 Wochen gerechnet werden. Das Umsetzen von einer Röhre in die andere dauert etwa gleich lang. Im Bereich der Harfe war es nötig, den zweigleisigen Schalwagen durch das eingleisige Profil hindurch zu transportieren, wofür wegen der weitergehenden Zerlegung 3—4 Wochen benötigt wurden. Der Einsatz eines schweren Radladers als Hebezeug mit Sondergenehmigung der TBG konnte die Umbauzeit hier auf die Hälfte reduzieren (siehe Abb. 4 im farbigen Bildteil).

Wenn die terminliche Situation es erlaubt, sollte die Sohlbetonierung in einem Tunnelstück durchgeführt sein, bevor die Gewölbebetonierung (Ulmen und Kalotte) beginnt. So ist es auch möglich, beide Arbeiten mit einer Kolonne nacheinander durchzuführen.

Ist der parallellaufende Vortrieb abgeschlossen, so kann das dort eingesetzte Personal zur Verstärkung der Betonierung eingesetzt werden. Zum Beispiel können Sohlen und Gewölbe gleichzeitig von zwei verschiedenen Kolonnen hergestellt werden. Durch den Wegfall der Versorgungs- und

Schutterstrecken für den Vortrieb ergeben sich dann auch die notwendigen betrieblichen Voraussetzungen, und die entsprechenden Kapazitäten bei den Nebenbetrieben werden frei.

3. Folgerungen für die technische Ausrüstung

Kernstück der Geräte für die Betonierung ist der Schalwagen. Er besteht aus dem Transportwagen und der eigentlichen Schalhaut mit Aussteifung. Die Schalhaut ist so dimensioniert, daß sie den fertig eingebrachten, noch nicht abgebundenen Beton trägt; sie muß jedoch während des Betoniervorganges vom Transportwagen gestützt werden. Dieser dient auch als Arbeitsbühne für die Betoneinbringung.

Die Anzahl der Schalwagen richtet sich danach, wieviele unterschiedliche Querschnitte im entsprechenden Los herzustellen sind. Es ist zu überprüfen, ob durch eine passende Teilung der Schalhaut mehrere Querschnitte mit einem Schalwagen betoniert werden können, wobei nur wenige Zusatzelemente herzustellen sind. Bei sehr langen Strecken gleichen Querschnitts wird man dem

Abb. 7. Eingleisige Schalhaut

Single-track formwork panelling

Abb. 8. Transportwagen mit zweigleisiger Schalhaut (Detail)
Transport wagon with double-track formwork panelling (detail)

Einsatz von mehreren Schalwagen nach Möglichkeit die Anordnung von betrieblichen Querschlägen vorziehen, da diese auch bereits für den Vortrieb Vorteile bringen.

Die Dauer der Ausschalfrist macht es meist nicht möglich, mit einer Schalhaut und einem Wagen täglich einen Block zu fertigen. Die Stirnschalung behindert die Herstellung der Bewehrung im nächsten Abschnitt, so daß diese erst vollständig nach Ausschalen des vorhergehenden Blockes eingebracht werden kann. Dafür — und für das Reinigen, Umsetzen und erneute Fixieren des Schalwagens — reicht die von 24 Stunden nach Abzug der Ausschalfrist verbleibende Zeit nicht mehr aus. Man setzt daher zwei Schalhäute zu einem Wagen ein. Eine Schalhaut wird mit zwei Stirnschalungen zur Herstellung der Vorblöcke verwendet, die andere schließt die dazwischenliegenden Lückenblöcke. Dadurch wird die Verknüpfung der Bewehrungsherstellung mit der Betonierung und dem Ausschalen aufgelöst. Es läßt sich ein Taktbetrieb einrichten, bei dem jeden Tag ein Block betoniert wird und der ausreichend Pufferzeit hat, so daß er nicht bei jeder kleinen Störung zusammenbricht. Ist die Strecke des entsprechenden Querschnitts zu kurz, um kostendeckend zwei Schalhäute je Wagen einzusetzen, so kann man vorweg mit zwei Stirnschalungen die Vorblöcke und anschließend ohne Stirnschalung die Zwischenblöcke

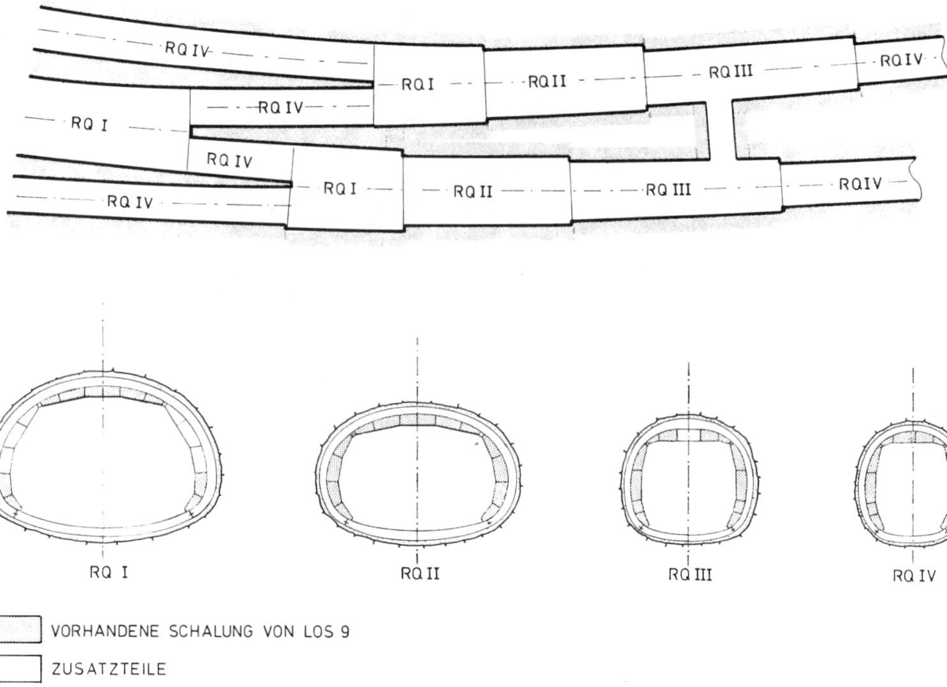

Abb. 9. Schalungseinsatz bei wechselnden Querschnitten Harfe Los 18.2

Formwork application in changing cross sections—diverging siding junction Section 18.2

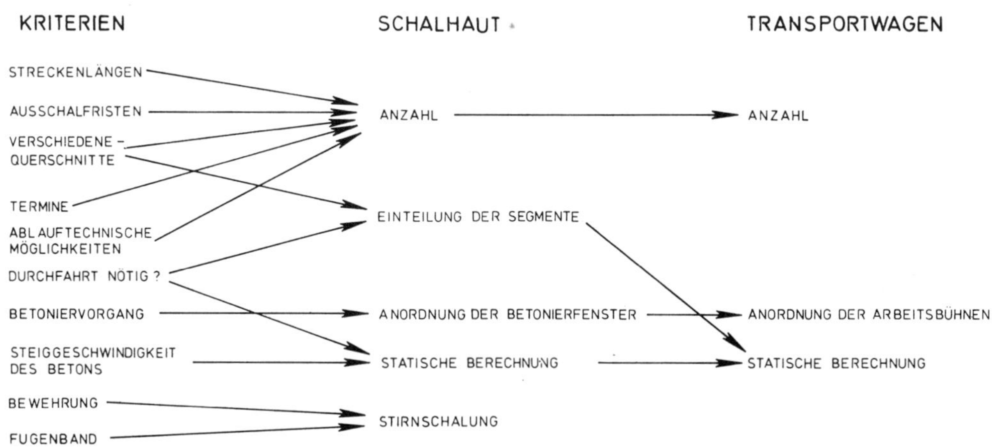

Abb. 10. Einflüsse bei der Wahl der Schalwagen

Influences on selection of the formwork transport wagons

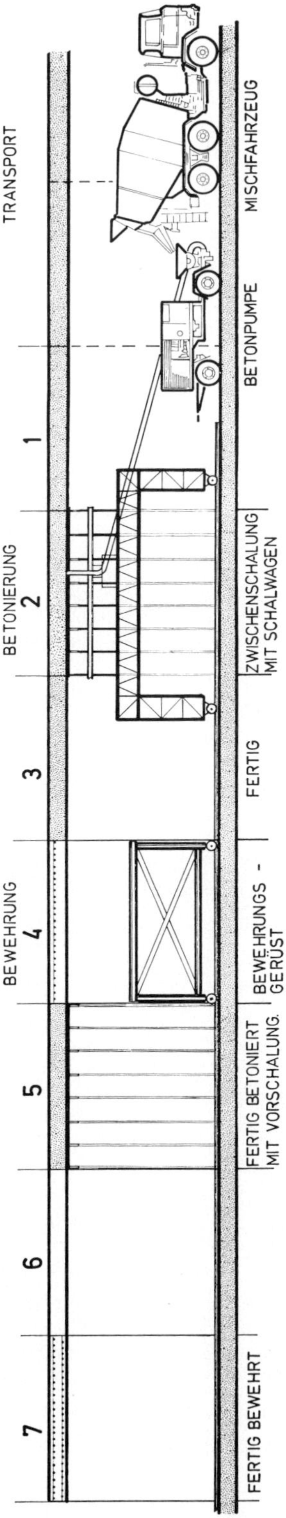

Abb. 11. Betonierung im Taktverfahren mit zwei Schalhäuten

Concreting in repetitive technique, with two formwork panelling systems

fertigen. So läßt sich auch die unmittelbare Verknüpfung von Bewehrung und Beton aufheben.

Der Schalwagen ist auf den hydrostatischen Druck des noch nicht erhärteten Betons berechnet. Beim Schließen der Kalotte über die Zwangsanschlüsse kann bei Unachtsamkeit jedoch ein Vielfaches dieses Druckes auftreten, der zur

Tage \ Blöcke		1	2	3	4	5	6	7	8	9	10	11	12	13
Fertig														
1	Tag		Beton.		Bewehr.	Aussch.								
	Nacht							Einsch.						
2	Tag		Aussch.					Beton.		Bewehr.				
	Nacht				Einsch.									
3	Tag				Beton		Bewehr.	Aussch.						
	Nacht									Einsch.				
4	Tag				Aussch.					Beton		Bewehr.		
	Nacht						Einsch.							
5	TAG						Beton		Bewehr.	Aussch.				
	Nacht											Einsch.		
6	Tag						Aussch.					Beton		Bewehr.
	Nacht								Einsch.					

Abb. 12. Betoniertakt mit zwei Schalhäuten

Details of the steps of ring concrete-pouring with two formwork panelling systems

Abb. 13. Bewehrung der Zwischenblöcke (zweigleisiges Profil)

Reinforcement of the intermediate blocks (double-track profile)

Zerstörung von Schalhaut und -wagen führt. Zur besseren Kontrolle dieses Schließdruckes sollte die Pumpleitung möglichst kurz sein, die Betonpumpe also direkt am Schalwagen stehen. Die Zufuhr des Betons erfolgt mit Fahrmischern. Damit können langwierige und kostspielige Reparaturen vermieden werden, die zwangsläufig zum Stillstand des gesamten Betonierbetriebs führen.

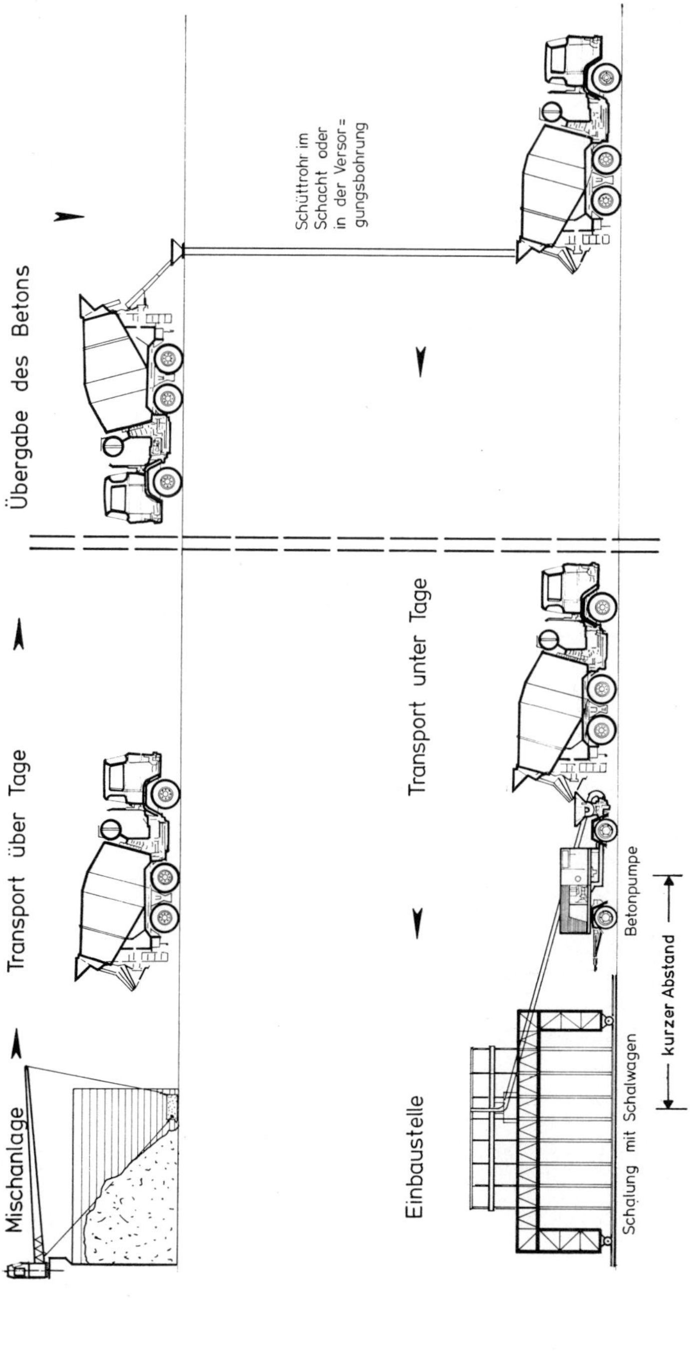

Abb. 14. Schema der Betonversorgung
Schematic diagram of concrete supply

Abb. 15. Abstellgleis mit Fertigteiltrögen (links)
Storage track with troughs of prefabricated elements (left side)

4. Abschließende Arbeiten

Die bei der Betonierung anfallenden Nacharbeiten halten sich, wenn die geforderten Ausschalfristen eingehalten werden und bei einem ausreichend steifen Schalwagen, in erfreulich niedrigen Grenzen. Im Bereich des Übergangs von Sohlen- und Gewölbebeton können geringe Mengen Beton austreten, und an den Fugen zwischen den Blöcken muß manchmal nachgearbeitet werden. Diese Stellen sollten so bald wie möglich in Ordnung gebracht werden, während sich einzelne kleine Feuchtstellen aufgrund des Silikatgehaltes in der Außenschale oft überraschend schnell selbst dichten.

Wo die Streckentunnel bebautes Gebiet unterfahren, werden zur Vermeidung von Lärm- und Schallemissionen Fertigteilgleisträge auf Gummimatten verlegt. Schienen, Schwellen, Schotter, Fertigteile und Gummimatten wirken als Masse-Feder-System zur Dämpfung der vom U-Bahn-Zug ausgehenden Schwingungen.

Auf den statisch erforderlichen Innenbeton wird ein Aufbeton zur Erzielung einer ebenen Fläche aufgebracht, darauf als Auflager für die Matten ein Estrich mit hoher Oberflächengenauigkeit. Nach Verlegen der Matten und der Fertigteile werden die Fertigteile untereinander mit Stahldübeln in Kunstharzmörtel verbunden.

Anschrift des Verfassers: Dipl.-Ing. Wolf Schiele, Bilfinger & Berger Bauaktiengesellschaft, Seitzstraße 8, D-8000 München 22, Bundesrepublik Deutschland.

Beitrag 8

Geräteauswahl und Erprobung für die Arbeiten am Sendlinger-Tor-Platz

Von

W. Hammer

Mit 10 Abbildungen

Zusammenfassung — Summary

Geräteauswahl und Erprobung für die Arbeiten am Sendlinger-Tor-Platz. Ausgehend von der Voraussetzung der Wirtschaftlichkeit, wird der Einsatz verschiedener Baugeräte bei Anwendung der Neuen Österreichischen Tunnelbaumethode untersucht. Die Maschinen werden zum Teil in obigem Baulos erprobt und die Erfahrungen darüber bekanntgegeben. Außerdem wird geschildert, mit welchen Schwierigkeiten die Ausführung von vorgespannten Ankern im Lockergestein beim Vortrieb verbunden war. Die Einrichtung der Baustelle ober und unter Tag wird beschrieben.

Selection and Testing of Machinery for Construction Work at Sendlinger-Tor-Platz Station. The use of various building machinery is tested during implementation of the New Austrian Tunnelling Method (NATM), the pre-requisites being efficiency and economy. The machinery is partly tested in the afaremenitoned construction section and the results published. Also described are the problems associated with the construction of pre-stressed anchors in soil during advance and site installations above and below ground.

1. Einleitung

Die entscheidende Frage für den Einsatz von Baumaschinen ist immer, ob dieser auch wirtschaftlich ist. Dies trifft vor allem auf mechanische Tunnelvortriebsschilde zu, da die hohen Investitionskosten nur abgeschrieben werden können, wenn lange Strecken mit gleichbleibendem Querschnitt aufzufahren sind. Dies gilt aber auch genauso für alle anderen Spezialmaschinen des Tunnelbaues. Für die in den Münchner Tertiärsedimenten aufzufahrenden Tunnelstrecken vom Sendlinger-Tor-Platz zum Hauptbahnhof wäre die Wirtschaftlichkeit für eine mechanische Tunnelvortriebsmaschine nicht gegeben gewesen, und so war hier die Neue Österreichische Tunnelbaumethode die preislich günstigere Lösung. Sie war es vor allem deshalb, weil sie sehr anpassungsfähig ist. So können Querschnitte verschiedener Größe (in unserem Fall von 16 bis 106 m²), Nischen und Querschläge ohne grundsätzliche Änderung der Arbeitsweise ausgebrochen werden, wobei die Wirtschaftlichkeit auch bei sehr kurzen Strecken gegeben ist. Der Ausbruch und vor allem die Sicherung mit Spritzbeton erfordern zwar einige Handarbeit, diese erfolgt jedoch in engem Zusammenwirken mit dem Maschineneinsatz. Daraus ergibt sich für die dabei einzusetzenden Maschinen die grundsätzliche Forderung, ebenso universell einsetzbar und beweglich zu sein wie die ganze Methode.

Da die dichte städtische Bebauung und die oft geringe Überdeckung der U-Bahn-Tunnelröhren bei Antreffen harter Schichten ein Sprengen nicht zulassen, galt es vor allem, auch dafür geeignete Ausbruchsgeräte zu wählen. Weiters waren Maschineneinsätze zu untersuchen für das Ankerbohren und die ursprünglich in größerem Umfang vorgesehene Pfändung sowie auch für die Spritzbetonaufbringung. Es wurden verschiedene Maßnahmen und Geräte erprobt mit dem Ziel, bei schonender Behandlung des Gebirges möglichst gute Vortriebsleistungen zu erzielen.

2. Aufgabenstellung

Um die Einrichtung einer Baustelle und den Maschineneinsatz überlegen zu können, muß folgendes bekannt sein:

2.1. Welche Beschaffenheit hat das zu bearbeitende Material?
2.2. Welcher Arbeitsvorgang muß durchgeführt werden?
2.3. Wie sieht der herzustellende Bauwerksteil aus?

2.1. In unserem Fall handelt es sich um den Untergrund von München, der, wie bei den meisten im Schwemmland der Flüsse liegenden Städte, aus Sedimenten des Quartärs und Tertiärs besteht. Die Vortriebe der auszuführenden U-Bahn-Baulose 9 und 18/2 befinden sich alle im Tertiär, das im oberen Teil aus teilweise sehr dichten feinen bis mittelkörnigen Flinzsanden besteht und im unteren Teil aus Flinzmergeln, die in der Regel aus zähen, oft auch sehr harten Tonen bestehen. Die Grenzlinie der beiden Schichten liegt im vorliegenden Fall häufig in der Mitte der Tunnelröhre.

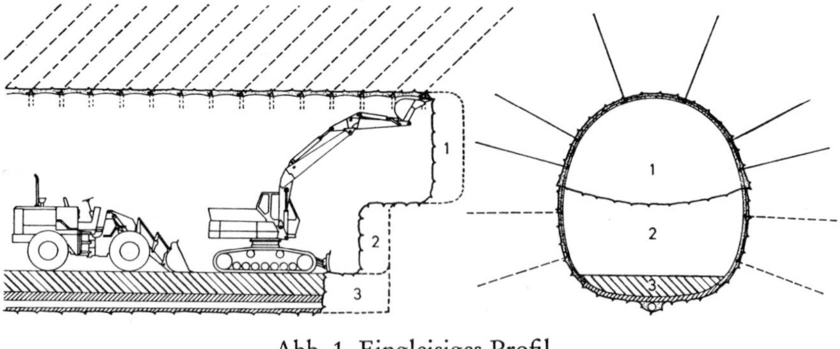

Abb. 1. Eingleisiges Profil

Single-track profile

2.2. Bei Anbotlegung für die Baulose 9 und 18.2 bzw. 18.3 am Sendlinger-Tor-Platz wurde von der ausführenden Firmengruppe ein Sondervorschlag nach der Neuen Österreichischen Tunnelbaumethode eingereicht, der dann zur Ausführung kam. Danach erfolgt der Ausbruch und ebenso die Sicherung abschnittsweise. Es wird mit Spritzbeton, Stahlbögen und Baustahlgitter sowie Ankern gesichert (Abb. 1). Die Vortriebsbrust erhält dadurch eine Abstufung, die den Arbeitsbereich des Ausbruchsgerätes bestimmt. Wichtig ist dabei, daß die Forderung, den Ringschluß, also das ganze Spritzbetongewölbe und die Sohle, möglichst rasch hinter der Ortsbrust fertigzustellen, erfüllt wird.

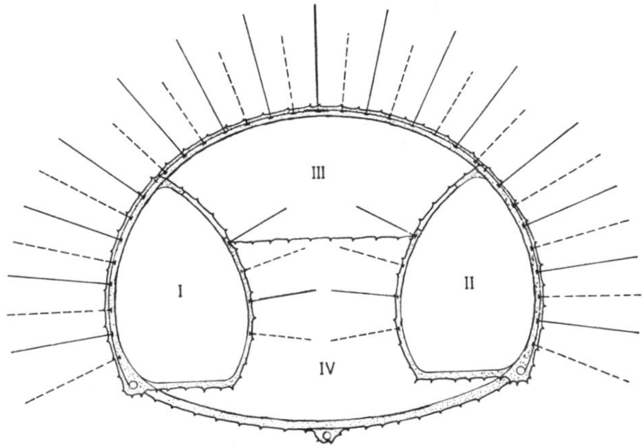

Abb. 2. Zweigleisiges Profil und Bahnhofsprofil
Double-track profile and station profile

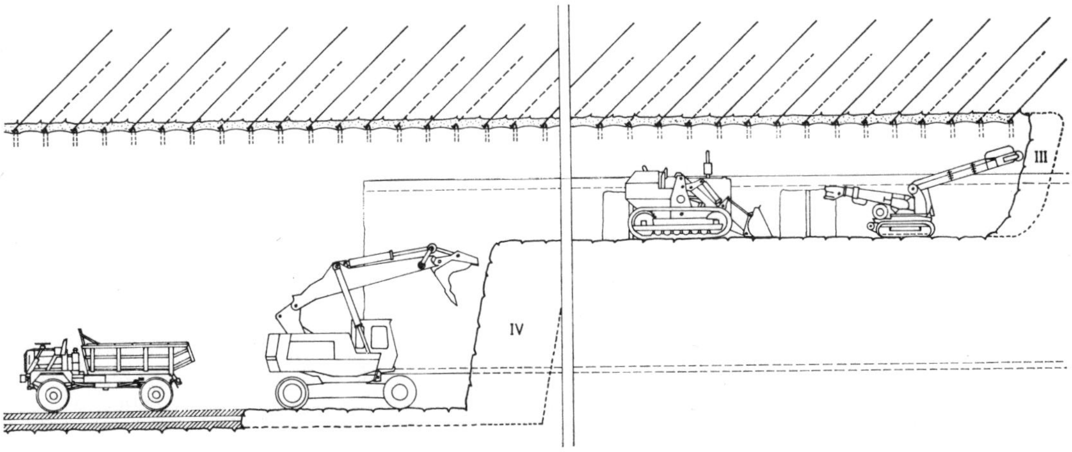

Abb. 3. Vortrieb von Kalotte und Strosse im zweigleisigen Profil
Advance of crown and bench in double-track profile

2.3. Das Projekt beinhaltet zwei verschiedene Ausbruchsquerschnitte, einmal ein eingleisiges Profil mit 36 m^2 Ausbruchsfläche in Hufeisenform mit einer Höhe von 6,5 m und einer Breite von 6 m (Abb. 1/5) und ein zweigleisiges Profil mit insgesamt 74 m^2 oder 103,4 m^2 Ausbruchsfläche, ein liegendes Oval, das — wie aus Abb. 2 ersichtlich — in vier Teilausbrüchen aufgefahren wurde, Höhe = 8,15 m, Breite = 11,37 m bzw. 13 m. Außerdem ergaben Übergänge trompetenförmige Ausweitungen sowie die Verzweigung von zwei Einzelgleisen auf vier Gleise, im Übergang zum Hauptbahnhof verschiedene Profilformen bis 13 m lichte Weite, die jedoch bei der Arbeitsdurchführung für den Maschineneinsatz keine Änderungen gegenüber den oben erwähnten zwei Hauptprofilen erforderlich machten.

3. Die Einrichtung

Die beiden Baulose 9 und 18/2 der U-Bahn-Linie 8/1 wurden von einem Startschacht aufgefahren, der am Altstadtring zwischen Altkatholischer Kirche und Marionettentheater in einem kleinen Park abzuteufen war. Dieser Startschacht mit 28 m Länge und im Mittel 15 m Breite wurde mit Bohrträgern im Berliner Verbau ausgeführt. Die Sohle liegt 15 m unter dem Straßenniveau. In einer Breite von ca. 4 m wurde er mit Hilfe einer Stahlkonstruktion dann wieder abgedeckt, um den Verkehr am Altstadtring wieder ungehindert zu ermöglichen. Die am Schacht erforderliche Einrichtung war im Park zur Aufstellung zu bringen, ohne den Baumbestand zu verringern.

Der Startschacht mußte nun folgende Hauptfunktionen für die Baustelle ermöglichen:

1. den An- und Abtransport aller Geräte sowie die Förderung des ganzen Ausbruchsmaterials;
2. die Versorgung des Tunnelvortriebes mit:
   a) Preßluft,
   b) Ventilationsluft,
   c) elektrischem Strom,
   d) Spritzbetonmischgut,
   e) Frischbeton;
3. die offene Wasserhaltung im Schacht und in den Tunnelvortrieben.

ad 1) Für alle Transporte im Schacht wurde eine Brückenkrananlage mit 10 t max. Last errichtet. Sie wurde mit einem Motorgreifer mit 2,5 m^3 Inhalt ausgestattet. Die Brücke hatte 8,5 m Spannweite und konnte auf einem Stahlgerüst eine Fläche von 8,5 × 8 m über dem Schacht und etwa eine gleiche neben ihm befahren. Bestimmend für die Leistung des Krans war, daß das Ausbruchsmaterial von maximal vier Tag und Nacht arbeitenden Vortrieben in der Tagschicht allein gefördert werden mußte. Ein Mobilkran mit 8 mt stand deshalb noch zusätzlich zur Verfügung.

ad 2a) Für die Preßluftversorgung waren 3 El-Kompressoren mit je 16 m^3/min Luftleistung in Schachtnähe installiert. Ein Kompressorhaus in zweischaligem Mauerwerk für die Schalldämmung der Wände und mit Schallfiltern für die Luftwege wurde errichtet. So konnte die Schallemission unter den für Tag- und Nachtbetrieb vorgeschriebenen Werten gehalten werden.

ad 2b) Für die Bemessung der Tunnelbelüftung ist der Arbeitsvorgang und die Geräteausstattung der Vortriebe maßgebend. Da es sich um gleislose, vor allem mit Dieselmotoren ausgestattete Vortriebe handelt, errechnet sich die erforderliche Frischluftmenge nach dem schon vielfach erprobten Wert von 3 bis 4 m^3/min/PS der tatsächlich eingesetzten Dieselleistung im Tunnel. Die Motoren müssen dazu möglichst mit Abgas-Katalysatoren oder Wäschen ausgestattet sein. Bei Annahme von drei gleichzeitig laufenden Vortrieben waren etwa 560 effektive Diesel-PS im Einsatz. Daraus errechnet sich der Luftbedarf mit 1680 bis 2240 m^3/min. Die Baustelle brachte Plastiklutten mit 700 mm ϕ zum Einsatz, die meist in zwei parallelen Strängen verlegt wurden. Die Frischluftzufuhr erfolgte zuerst vom Startschacht und später vom Bahnhof Sendlinger Tor sowie nachher vom Notausstiegsschacht in der Mathildenstraße aus, wodurch die Luttenleitungslänge auf 350 m beschränkt werden konnte. Die sich daraus ergebende Lüftermotorleistung liegt zwischen 230 und 340 kW. Insgesamt waren Lüfter mit einer Leistung von 285 kW im Einsatz. 2800 m

Abb. 4. Fräslader „Fuchs“ im Seitenstollen

"Fuchs" cutter-loader in side adit

Abb. 5. Vortrieb mit hydraulischem Bagger
Advance by hydraulic excavator

Luttenleitung wurden während der Vortriebszeit insgesamt montiert. Die parallellaufenden Tunnelstrecken, die Querschläge und die Querung des Bahnhofes Sendlinger Tor haben den Einsatz eines gleichbleibenden Lüftungssystems sehr erschwert. Es mußte die Lüfteranordnung jeweils dem Bauzustand angepaßt und außerdem zusätzlich Abluftventilatoren eingesetzt werden.

ad 2c) Für die Stromversorgung war die Aufstellung von zwei Transformatoren mit je 600 kVA in Startschachtnähe erforderlich. Die Stromversorgung der Tunnelröhren erfolgte mit 380 bzw. 220 V. Für die Erprobung der Alpine-Fräse AM 50 wurde vorübergehend ein 10-kV-Kabel im Tunnel verlegt und eine Trafostation für 10 kV/500 V mit 200 kVA im Tunnel zur Aufstellung gebracht.

ad 2d) Die Belieferung mit Spritzbetonmischgut mußte Tag und Nacht und auch zum Wochenende gesichert sein. Eine Fremdbelieferung konnte daher nicht durchgeführt werden. Es wurden daher eine eigene Anlage mit 500-l-Zwangsmischer sowie Silos für Zuschlagstoff und Zement auf eine unterfahrbare Stahlkonstruktion in den Startschacht hineingestellt, so daß die Silos am Schachtrand mit Lkws direkt beschickt werden konnten. In dieser Anlage wurde der Spritzbeton trocken gemischt und für den Transport bereitgestellt (Abb. 9).

ad 2e) Für die gesamte Tunnelbetonierung erfolgte die Lieferung des Frischbetons vom Lieferbetonwerk. Über ein Fallrohr im Schacht wurden die Autotransportmischer für den Tunneltransport gefüllt. Die Betonierung erfolgte mit hydraulischen Doppelkolbenpumpen mit Rührwerk. Es waren Pumpen mit 30 m^3/h Leistung im Einsatz.

Entsprechend dem Bauzeitablauf waren für die eingleisigen Profile zwei Schalungen mit je 10 m Länge und für das große Profil eine Schalung mit gleicher Länge erforderlich. Zum Einsatz gelangten Stahlschalungen mit hydraulisch betätigten gleisfahrbaren Schalwagen. Durch Einsatzstücke konnten die Schalungen den verschiedenen Ausbauprofilen angepaßt werden. So konnte jede Schalung für drei verschiedene Profile eingesetzt und so Lichtraumprofile von 22,9 bis 78,3 m^2 betoniert werden.

ad 3) Für die offene Wasserhaltung kamen in den Tunnelröhren fortlaufend hinter dem Vortrieb in Abständen von 30 bis 50 m Pumpensümpfe zur Ausführung, in die alle Wasserableitungen mündeten. El-Tauchpumpen förderten das anfallende Wasser in ein Klärbecken und von dort über die Abwasserleitung zum Schacht. Von hier wurde es über ein weiteres Klärbecken an das städtische Kanalnetz abgegeben.

Abb. 6. Ausbruch der Strosse im Seitenstollen

Excavation of the bench in side adit

Abb. 7. Ausbruch des Kerns, Teil IV, im zweigleisigen Profil
Excavation of the core, Part IV, in double-track profile

Während der Vortriebsarbeiten waren bis zu 30 Tauchpumpen mit 1 bis 11 PS Leistung im Einsatz.

4. Ausbruchsgerät

Ganz allgemein kommen für den Ausbruch im Lockergestein folgende Geräte in Frage. Sie wurden auch für unsere Überlegungen herangezogen.

4.1. Frontladegeräte auf Raupen oder Reifen

Ein Frontlader eignet sich für den Ausbruch nur in der Strosse, denn er kann in der Kalotte nicht profilgerecht arbeiten und außerdem besteht die Gefahr von größeren Niederbrüchen in der Firste, da ja die Schaufel von unten nach oben ausbricht. Wegen der harten Mergelzonen müßten entsprechend starke Geräte eingesetzt werden, die diese Gefahr noch erhöhen und außerdem unwirtschaftlich arbeiten würden. Der tieferliegende Sohlaushub ist mit ihnen nicht gut ausführbar. Eine Fahrzeugbeladung ist nur möglich, wenn Ausweichnischen vorgesehen werden.

4.2. Hydraulikbagger mit Hoch- oder Tieflöffel

Für den Hochlöffelbagger gilt das gleiche wie unter 4.1. Gesagte bezüglich der Niederbrüche. Auch er ist für den Sohlausbruch nicht gut einsetzbar. Ein Tieflöffelbagger dagegen hat die Möglichkeit, mit Hilfe einer Schwenkausrüstung des Löffels das Tunnelprofil genau auszubrechen. Für den Aushub der Sohle ist er am besten geeignet. Da er für die Profileinhaltung und auch wegen des harten Materials mit einem entsprechend schmalen Löffel arbeiten muß, ist er als Ladegerät allerdings unwirtschaftlich. Dafür kann er zum Schrämen mit einem hydraulischen Hammer ausgerüstet werden (Abb. 5).

4.3. Teilschnittfräsen mit oder ohne Ladeband

Teilschnittfräsen mit Ladeband haben vorne eine breite vorgezogene Schürze zur Aufnahme des Schuttergutes für die Födereinrichtung. Dadurch können sie an die abgestufte Stollenbrust nicht nahe genug heran, um den Firstausbruch mit dem Fräser erreichen zu können, wenn nicht mit Hilfe einer Sonderkonstruktion dem Rechnung getragen wird (Abb. 10). Entsprechend lange und auch abknickbare Ausleger für den Fräskopf werden zwar angeboten, diese Geräte haben jedoch sehr großes Gesamtgewicht. Es treten dadurch Schwierigkeiten im Fahrbereich bei Auftreten von Wasser auf. Bei kleineren Profilen benötigt das Gerät dann die ganze Stollenbreite und behindert die Sicherungsarbeiten. Setzt man dagegen kleinere Geräte mit kürzerem Fräsausleger ein, muß der Vortrieb in Kalotten- und Strossenteil getrennt werden. Dies bringt jedoch eine Verminderung der Vortriebsleistung und einen späteren Sohlschluß, wenn nicht zwei Geräte gleichzeitig zum Einsatz kommen.

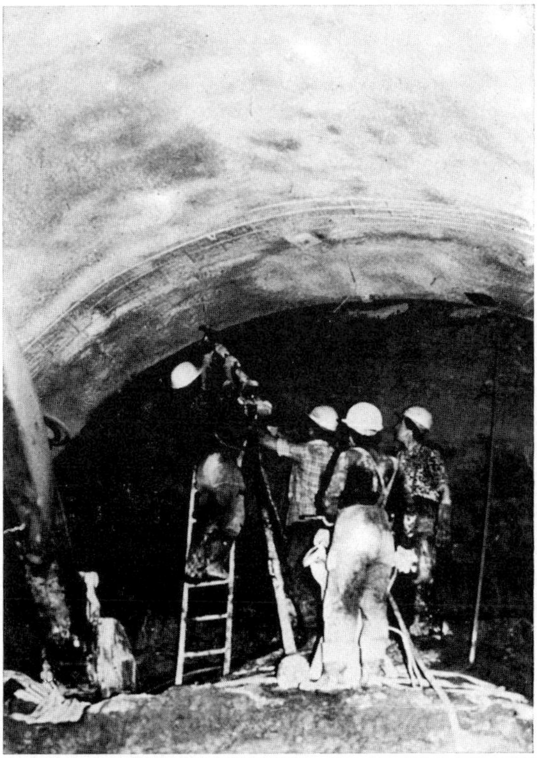

Abb. 8. Firstankerung im eingleisigen Profil

Roof anchorage in single-track profile

Besser ist es, einen Fräsausleger von einem Trägergerät (z. B. einen Hydraulikbagger) ohne Beladeband zum Einsatz zu bringen. Ein solches Gerät stellt eine echte Alternative zu dem unter 4.2. beschriebenen Tieflöffelbagger dar. Die Ausladung ist groß genug, um auch eine abgestufte Stollenbrust zu überwinden. Es kann also wieder der Abstand zwischen Firste und Sohlschluß entsprechend kurz gehalten werden. Das Gerät ist außerdem meist beweglich genug, um bei Sicherungsarbeiten zurückgezogen zu werden. Die Ladearbeit erfolgt dann mit einem Frontlader. Diese Arbeitsweise setzt allerdings ein entsprechend großes Profil voraus, da der Lader möglichst neben dem Fräsgerät arbeiten soll.

In vorliegendem Fall wurde nun versucht, einige Einsatzmöglichkeiten zu erproben und die geeignetste zur Anwendung zu bringen. Bei Beginn der Ausbruchsarbeiten im Baulos 9 wurde zunächst eine 60 m lange Versuchsstrecke im großen Profil (Abb. 2) aufgefahren. Es wurde mit dem Vortrieb der beiden Ulmenstollen (Teil I und II) begonnen. Die Ausbruchsarbeiten in diesen beiden Stollen mit 16 m^2 Querschnitt wurden als getrennter Kalotten- und Strossenvortrieb ausgeführt. Es wurde dabei ein Fräslader „Westfalia Fuchs" zum Einsatz gebracht (Abb. 4). Als Schutterfahrzeuge kamen 2-m^3-Kleindumper zum Einsatz. Mit ihnen ergaben sich Schwierigkeiten beim Fahren auf der Zwischensohle, da das Restwasser genau in dieser Höhe auftrat und die Sohle aufweichte. Die Zwischensohle mußte mit Spritzbeton gefestigt werden (Abb. 6). Der Fräslader bewältigte die harten Mergelschichten nur sehr schwer. Diese beiden Umstände führten dazu, daß bei späteren Ulmenstollenvortrieben auf den Einsatz eines Tieflöffelbaggers übergegangen wurde, der dann das ganze Profil mit abgestufter Stollenbrust ausbrach. Dabei zeigte sich, daß die Ausbruchszeiten des vorher eingesetzten Fräsladers mehr als doppelt so hoch waren wie die beim Baggerbetrieb.

Der folgende Ausbruch der großen Kalotte (Teil III) war ebenfalls mit dem gleichen Fräslader geplant. Er konnte jedoch nur zum Teil mit ihm ausgeführt werden, da die Form des Ausbruchsprofils und die Härte des Mergels dem Einsatz Grenzen setzten. So wurde die genaue Profilarbeit von Hand mit Preßluftschrämhämmern ausgeführt. Außerdem war eine kleinere Frontladeraupe im Einsatz, die die Materialförderung über Durchbrüche in die Ulmenstollen hinein vornahm (Abb. 3). Ein spezielles Problem war der Maschineneinsatz für den Kernausbruch (Teil IV), mußte doch dabei die innenliegende Spritzbetonschale der Ulmenstollen entfernt werden. Im gleichen Arbeitsgang mußte auch der Aushub für das Sohlgewölbe gemacht werden, denn die Spritzbetonsohle für den jeweils ausgebrochenen Abschnitt war innerhalb von 24 Stunden fertig einzubauen. Für diesen Kernausbruch hat sich nach verschiedenen Geräteversuchen letztlich ein Hochlöffelbagger der Firma Broyt (X 30) bestens bewährt. Dies nicht nur infolge seiner Ladeleistung, sondern weil er durch seine Robustheit imstande war, das freigelegte Spritzbetongewölbe von unten her auszubrechen (Abb. 7). Als Ergänzung wurde dann allerdings noch ein Tieflöffelbagger für den Sohlaushub eingesetzt.

Nachdem die Probestrecke ohne Zwischenfälle und zur vollsten Zufriedenheit aller Aufsichtsorgane ausgeführt worden war, wurden die beiden eingleisigen Strecken mit 36 m^2 aufgefahren (Abb. 1). Hier kam nun aufgrund

Abb. 9. Aufstellung der Betonanlage im Startschacht
Erection of the concrete plant in starting shaft

der schon in anderen Baulosen gemachten Erfahrungen für den Ausbruch an der abgestuften Stollenbrust ein hydraulischer Tieflöffelbagger zum Einsatz, und zwar hat sich letztlich ein 16-t-Gerät von Atlas (Type 1602) am besten bewährt. Dieses Gerät hat eine Schwenkvorrichtung des Löffelauslegers $(2 \times 45^\circ)$ und einen entsprechend schmalen Löffel, und so konnte mit ihm das Hufeisenprofil mit ausreichender Genauigkeit ausgebrochen werden. Die Oberwagenausladung wurde verringert, um eine Drehbewegung des Baggers im eingleisigen Profil zu ermöglichen. Sie war jedoch nicht notwendig, da eine Ladearbeit, wie gesagt, mit einem kleinen Löffel nicht wirtschaftlich gewesen wäre (Abb. 5).

Für die Schutterung wurde der Bagger jeweils durch einen Radlader abgelöst. Der Gerätewechsel konnte in vorbereiteten Sohlverbreiterungen oder Nischen, die in Abständen von etwa 170 m errichtet wurden, durchgeführt werden. Sie dienten auch der Fahrzeugbeladung in den längeren Vortriebsstrecken. Es kamen Dieselmuldenkipper mit 7,5 m^3 Muldeninhalt und Wendesitz zum Einsatz. Diese Arbeitsweise erwies sich — wie schon erwähnt — so vorteilhaft, daß auch die Ulmenstollen der später auszubrechenden großen Profile so erweitert wurden, daß die gleiche Methode angewandt werden konnte. Um auch die harten Mergelschichten bewältigen zu können, wurde der

Baggerlöffel mit einem fallweise aufsetzbaren hydraulischen Schrämhammer versehen (Krupp HM 200).

Speziell die harten Mergelschichten haben uns veranlaßt, einen weiteren Probeeinsatz mit einem stärkeren Fräsgerät durchzuführen. Es wurde ein Fräslader der VÖEST-Alpine, Type AM 50, im eingleisigen Profil zum Einsatz gebracht. Um den Arbeitsbereich des Laders voll einsetzen zu können, ist dazu ein Kalottenvortrieb mit 3,5 m Höhe ausgeführt worden. Dem Fräslader wurde außerdem noch ein Förderband nachgeschaltet, um eine ordentliche Fahrzeugbeladung zu ermöglichen. Der Fräskopf dieses Laders mit 100 kW Leistung war für die angetroffenen Mergelschichten vollkommen ausreichend. Schwierigkeiten ergaben sich bei diesem Geräteeinsatz nur beim Auftreten von Wasser, da für den weichen Untergrund der Raupendruck zu groß bzw. auch die Bodenfreiheit des Gerätes zu gering war. Die erzielten Ausbruchszeiten waren wesentlich günstiger als mit dem schwächeren Fuchslader, aber trotzdem noch um etwa 40 % höher als beim Einsatz des vorher beschriebenen Tieflöffelbaggers (Abb. 10).

Die Messung der Ausbruchszeiten für alle diese Geräteerprobungen erfolgte mit Hilfe von Zeitdiagrammen, die alle Arbeitsgänge erfaßten und über die ganze Vortriebszeit geführt wurden.

5. Sicherungsarbeiten

Die Projektausführung sah für die Sicherung Spritzbeton mit Baustahlgitter, Ankerung und Stahlbögen und teilweise Stahldielenverzug vor. Wie sich der Flinzsand in der großen Kalotte beim Ausbruch verhalten wird, war vor-

Abb. 10. Fräslader Alpine AM 50 im eingleisigen Profil

Cutter-loader "Alpine AM 50" in single-track profile

erst noch zu erproben, und so mußte unter Umständen mit größeren Verzugsstrecken gerechnet werden. Eine Mechanisierung dieses Vorganges erschien daher wünschenswert.

Das Versetzen einer großen Anzahl von Ankern im Flinzsand und Mergel, die auf 10 und 14 t vorzuspannen sind, war außerdem vorgesehen. Auch hier sollte mit Einsatz entsprechender Geräte zeitsparend gearbeitet werden.

Um bei Beginn der Vortriebsarbeiten das geeignete Gerät bereit zu haben, wurden vor Abteufung des Startschachtes in einer dem Flinzsand ähnlichen Formation Versuche ausgeführt. So wurde mit Erfolg eine Bohrlafette mit einem pneumatischen Hochleistungshammer zum Dielenschlagen erprobt. Der Rotationsantrieb der gleichen Maschine sollte nun möglichst für das drehende Bohren der Ankerlöcher ausreichend sein, um beide Arbeitsgänge mit einem Hammer ausführen zu können. Nach den entsprechenden Verhandlungen mit den einschlägigen Maschinenherstellern wurde schließlich ein hydraulischer Bohrarm der Firma Tamrock mit Lafette und pneumatischem Hammer gewählt (Teleskop Boom ZR 900 und Hammer L 400). Sie wurden auf einer pneumatisch angetriebenen Raupe der Firma Deilmann & Haniel aufgebaut. Dieses Gerät wurde jedoch nur zu Beginn der Vortriebsarbeiten kurzzeitig eingesetzt, und zwar aus zwei Gründen. Zunächst hatte sich eine Pfändung erübrigt, da der Flinzsand ohne Verzug auch in der großen Kalotte beherrschbar war. Darüber hinaus ergab die Erschütterung beim Schlagen der Dielen eine ungünstige Auflockerung des Gebirges und Hohlraumbildungen hinter den Dielen. Außerdem behinderte der Einsatz des Raupenbohrgerätes bei der Ankerung den Arbeitsablauf zu stark. Der Einsatz von pneumatischen Handdrehbohrmaschinen war beweglicher und ermöglichte so die gleichzeitige Ausführung von zwei Arbeitsgängen (Abb. 8).

Für den Einsatz der vorgespannten Gebirgsanker war die richtige Type und auch das Versetzen zu erproben. Sobald der Startschacht die Tiefe des Flinzsandes erreicht hatte, wurden daher Ankerversetzversuche mit insgesamt etwa 100 Probeankern durchgeführt. Vorgesehen waren Anker aus ST 60 mit 20 mm ∅ und 3, 4 und 5 m Länge. Versucht wurden der Reihe nach Mörtelanker, Perforanker und Rammanker. Es war jedoch bald zu erkennen, daß nur der Mörtelanker (SN-Anker) Aussicht auf Erfolg hatte. Es wurden Zementmörtel mit verschiedenen Zementen und Sanden versucht sowie auch Kunststoffverbindungen. Die versetzten Anker wurden alle einem Zugversuch unterworfen. Es zeigte sich, daß es in der Formation des Flinzsandes schwierig ist, einen vorgespannten Anker mit einiger Herstellungssicherheit auszuführen. Das Ergebnis der zahlreichen Versuche war dann ein Mörtelanker, der in Zementmörtel aus PZ 550 und Sand 0—3 mm Korn im Verhältnis 1 : 2 sowie mit zwei Topac-Patronen im Lochtiefsten versetzt wurde. Die Glasbehälter der Topac-Patronen werden beim Einschlagen des Ankers zerbrochen und so der Abbindebeschleuniger im Lochtiefsten zur Wirkung gebracht. Die Anker konnten nach 6—7 Stunden auf 10 bzw. 14 t vorgespannt werden. In dieser Weise wurden dann in allen Vortrieben die Anker versetzt, und zwar in der Firste unter 45° schräg nach oben vorne und in den Tunnelulmen in radialer Richtung. Insgesamt kamen in beiden Baulosen ca. 17.000 Stück Anker von 3 bis 5 m Länge zur Ausführung.

6. Abschluß

Es wurden die Überlegungen geschildert, die zur Erprobung und schließlich zum Einsatz der genannten Einrichtungen und Maschinen geführt haben. Beim Ausbruch konnte mit dem Tieflöffelbagger eine unter den gegebenen Verhältnissen günstigste Lösung gefunden werden. Damit soll jedoch nicht gesagt werden, daß nicht eine entsprechend gebaute Teilschnittfräse gleichwertig oder noch besser arbeiten kann. Es liegt hier vor allem an der Maschinenindustrie, sich mit ihren Überlegungen den hier geschilderten Vortriebsverhältnissen anzupassen. Sie müßten den Baufirmen jedoch nicht nur Konstruktionen anbieten, die noch nicht erprobt sind, sondern bereit sein, ihnen Geräte zur Erprobung zu übergeben, die erst nach erfolgter Bewährung zum Verkauf gelangen. Nur dann können sie auf mehrere Baulose abgeschrieben und mit ihnen die verlangte Wirtschaftlichkeit erreicht werden.

Anschrift des Verfassers: Dipl.-Ing. Wilhelm Hammer, Firma Tiefbauunternehmung Ziv.-Ing. R. Oberranzmeyer, Archenweg 10, A-6020 Innsbruck, Österreich.

U-BAHN FÜR MÜNCHEN

PLANUNG UND BAU DER U-BAHN

VERWALTUNGS-, RECHTS- UND
FINANZIERUNGSAUFGABEN
DES U-BAHN-BAUES

S-BAHN-VERBINDUNGSSTELLE

U-BAHN-REFERAT
DER LANDESHAUPTSTADT
MÜNCHEN
VIKTUALIENMARKT 13
D-8000 MÜNCHEN 2

UNIVERSITAS OENIPONTANA

TUNNELFORSCHUNG

EIN GEMEINSCHAFTSPROJEKT DER FAKULTÄT
FÜR BAUINGENIEURWESEN + ARCHITEKTUR

INSTITUT FÜR KONSTRUKTIVEN
WASSERBAU UND TUNNELBAU
O. UNIV.-PROF. DIPL.-ING.
DR. TECHN. GERHARD SEEBER

INSTITUT FÜR STATIK UND
VERSTÄRKTE KUNSTSTOFFE
O. UNIV.-PROF. DIPL.-ING.
DR. TECHN. KURT MOSER

INSTITUT FÜR BAUVERFAHREN
UND BAUWIRTSCHAFT
O. UNIV.-PROF. DIPL.-ING.
HEIMO LESSMANN

ARBEITSGEMEINSCHAFT
U-BAHN-LINIE 8/1 LOS 18.2/9

SENDLINGER-TOR-PLATZ — HAUPTBAHNHOF

BILFINGER + BERGER
BAUAKTIENGESELLSCHAFT
MÜNCHEN

R. OBERRANZMEYER
TIEFBAUUNTERNEHMEN
GES. M. B. H. MÜNCHEN

HOCHTIEF
AKTIENGESELLSCHAFT
MÜNCHEN

HEILMANN + LITTMANN
BAU-AG.
MÜNCHEN

KARL STÖHR GMBH. & CO.
BAUUNTERNEHMUNG
MÜNCHEN